海上温带气旋的统计研究

魏立新　秦　听　孙虎林◎著

海洋出版社
2021年·北京

图书在版编目（CIP）数据

海上温带气旋的统计研究 / 魏立新, 秦听, 孙虎林著. — 北京 : 海洋出版社, 2021.6

ISBN 978-7-5210-0776-3

Ⅰ. ①海… Ⅱ. ①魏… ②秦… ③孙… Ⅲ. ①海上－温带气旋－研究 Ⅳ. ①P424.1

中国版本图书馆CIP数据核字(2021)第098833号

责任编辑：王　溪
责任印制：安　淼

海洋出版社 出版发行
http://www.oceanpress.com.cn
北京市海淀区大慧寺路 8 号　邮编：100081
中煤（北京）印务有限公司印刷　新华书店北京发行所经销
2021年6月第1版　2021年10月第1次印刷
开本：787mm × 1092mm　1 / 16　印张：10.75
字数：220千字　定价：128.00元

发行部：010-62100090　邮购部：010-62100072　总编室：010-62100034

目　录

第1章

海上温带气旋研究背景

1.1　海上温带气旋研究的重要意义

这里海上温带气旋（以下简称海洋气旋）是指出现在南北半球大陆沿岸或广袤大洋上的斜压性的低压系统，常常伴有大风、强降水和低能见度，也被称为海上温带风暴，是海上灾害性天气系统之一。在北半球，有部分海洋气旋是直接在海洋上生成的，还有很大一部分是在陆地生成后在高空气流的引导下移入海上。例如，冬季在我国内陆生成的低压，入海后逐渐转向东北方向移动，进入日本海，并在东亚大槽引导下转向阿留申群岛。在南半球，由于赤道以南海陆分布的特点，南大洋以及南极大陆沿岸常年活动着大量以纬向移动为主的温带气旋，这是南半球重要天气特征之一。

海洋气旋的空间尺度从几千千米的天气尺度到不足几十千米的中小尺度，生命史从十几天到数小时，空间、时间跨度都很大，其中心气压可以低于 910 hPa，风速超过 60 m/s，强度堪比超强台风。这些气旋主要生成于对流层水平温度梯度区 (斜压区)，并通过斜压不稳定进一步发展，其中有些在有利的条件下，可以爆发性发展，形成非常强大的风暴，一般称海洋爆发性发展气旋，或"气象炸弹"。这类气旋频繁爆发于冷季的暖水洋面上，特别是西北太平洋黑潮和西北大西洋湾流区域，伴随着强降水、强风等极恶劣的灾害性天气，是中纬度海洋上最危险的天气系统之一。例如，2018 年 3 月初，爆发性气旋（"炸弹气旋"）袭击北美地区并造成严重灾害影响。此次爆发性气旋的形成和发展受到多个大气和海洋因子的共同影响，其中墨西哥湾流持续偏暖和北极大幅增温是推进气旋爆发和增强的重要海洋气候背景。本次海上爆发性气旋过程始于 3 月 1 日（UTC）的五大湖地区，该系统形成后不断向东移动，于 3 月 2 日（UTC）到达美国东海岸，并与南侧湾流上空的暖湿气流交汇，急剧爆发增强成为锋面爆发性气旋。该气旋中心海平面气压于 3 月 3 日（UTC）降至最低值 973 hPa（图 1-1）。受此影响，美国东北部多地遭受狂风、骤雨、暴雪、洪水、风暴潮等灾害，部分地区气温打破近百年来最低气温纪录。

北半球中纬度海洋气旋主要有 2 条路径：①在北美大陆生成后，移入大西洋；②在东亚生成移入西北太平洋。北极的气旋一部分为局地生成，另一部分在中纬度生成后在高空经向环流引导下移入北极地区。在南半球，极锋附近是南半球主要的气旋生成区之一。这主要是由于南半球极锋区通常位于 40°—50°S 之间，极锋的北边是中纬度温带气团，南边是极地冷空气，对流层中主要的经向温度变化发生在该区域。另一个温差显著区是南极大陆沿岸，来自南极内陆

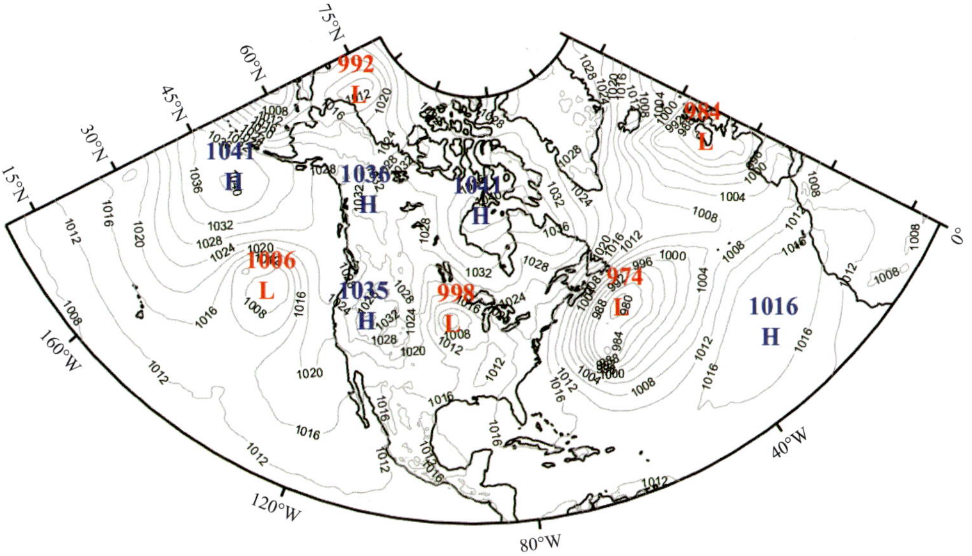

图1-1　2018年3月6日14时（北京时）地面天气分析图（单位：hPa）

的冷空气和相对温暖的海洋性气团在那里相汇，低层的温差造成了中尺度低压或小型天气尺度扰动的发展，这些气旋系统平行于南极大陆海岸向东移动，偶尔也会在南大洋上向偏北方向移动。南、北两极地形的显著不同造成了两极地区的天气系统活动特征的巨大差异。北极气旋的位置通常可以靠近北极中心位置，而地势很高的南极高原像一道屏障阻挡了天气系统的进一步南移，大多数气旋不能进入南极大陆而在海岸附近停滞、消亡。另一个明显差别是南大洋气旋系统的强度比北半球强得多，这主要是由于赤道至南极的巨大温度差导致的南半球中纬度地区的风速和锋面降水都比北半球强。

作为南北半球最重要的天气系统之一，海洋气旋除了天气效应，其季节、年际、年代际尺度的变化，通过大气环流、海洋和冰冻圈之间复杂的相互作用以及反馈过程可以引起一系列的气候响应。其作用主要表现在以下几个方面：

（1）海洋气旋在南北半球中高纬度的能量交换中有重要的作用。大气环流受赤道—极地巨大温差的驱动，大气经向的能量交换是通过三圈环流实现的，其中 Ferell 环流是连接热带环流和极地环流的纽带，气旋是 Ferell 环流的重要组成部分。与北半球相比，南半球的驻波（Rossby 波）有很强的正压性（等气压面和等密度面趋于平行），只能向极地方向传送很少的热量和动量（van Loon, 1979），因此，气旋的作用十分重要，它通过感热和潜热输送向极地方向提供了大量的水汽和能量（Radok et al, 1975; Physick, 1981）。

（2）海洋气旋对于海气交换有重要作用。海洋气旋的活动，涉及从天气到气候尺度、从局地到全球范围、从动力学和热力学要素到多种环境变量的复杂过程。当大洋上的强气旋移动时，地面气压梯度增大，给所经区域带来大风。气旋中心的强风夹带着冷平流掠过相对温暖的海面，传输到大气中的热通量和水汽通量增加，使海水最上层变冷，从而造成水体的不稳定和向下的对流，进入海洋中的动量是 Ekman 抽吸，涌升、波动、上层海洋混合以及大尺度海洋环流的关键部分。

（3）南大洋和北极的海洋气旋对极区海冰外缘带的分布也有重要的控制作用。在南极冬季，海冰可以向北扩展越过 60°S 进入气旋活动区。南大洋气旋则平行于海冰边缘线，旋转着移向绕极槽。在系统前方即低压中心的东部，海冰外缘会向极地方向移动，而在低压中心的西部，海冰外缘则相应地向赤道方向移动。

本书的编者们长期从事海洋气象预报业务和科研工作，并且均具有较长时间的海上随船气象保障经验，深知海洋气旋的威力及其对航行安全的影响。本书综合利用再分析数据、卫星云图资料和船舶现场观测数据等，系统地分析了全球主要海域海洋气旋的天气气候特征，可为船舶大洋航行的预报保障提供技术支撑。

1.2 海上温带气旋的研究进展

温带气旋是全球中高纬度和两极极区较活跃的大气系统。它的空间尺度从几十千米到几千千米，生命时间从几小时到几天不等。气旋活动期间伴随着大风、降水、低能见度、大浪和风暴潮等灾害性天气和海况。另一方面它对全球大气环流和全球气候系统有重要影响，其影响体现在包括对地表的太阳辐射，大气和海洋的热量和水汽通量传输，以及两极海冰变形和漂移等诸多方面，温带气旋的活动和变化也成为研究中高纬度地区气候变化的指标之一。基于温带气旋的气候意义和灾害性的影响，它的研究工作很早就开始了。温带气旋的统计研究开展自 19 世纪，早期的学者主要依靠人工判断来进行统计分析。北半球的探空和观测资料较南半球丰富，这部分工作也开展较早。1956 年，Petterssen 统计了 1899—1939 年北半球温带气旋的源地以及气旋密度的分布；1957 年，Klein 统计了 1899—1939 年北半球 5°×5° 网格所有气旋的频次。长期以来，受到南半球特殊的地理条件限制，没有建立起整个半球的观测网，数据的获取过程极为困难，仅有的一些大洋上的站点数据几乎没法在气旋的统计上使用。随着南极气象观测工作的开展，研究者获取了南极宝贵的气象资料以及天气图，在此基础上，南极气旋的研究工作在 20 世纪 50—60 年代不断展开。Owinckle 是最早对南半球气旋进行定量研究的人，他用南半球大气研究计划获取的逐日天气图确定月气旋生成的地区和路径，发现两个气旋主要生成区，分别位于南美洲东海岸和澳大利亚以南沿 45°S 向东伸展，经过新西兰，并在塔斯曼海上有一中断区。1957 年，前人利用天气图，确定了大西洋和印度洋气旋生成的频数；1958 年，国际地球物理年期间，前人系统地对南大洋气旋各个季节的一些主要生成区给出描述，并推翻了之前的一些错误认识。国际地球物理年后，1967 年，Taljaard's 提出了模糊的绕极槽的概念，认为位于南半球高纬度地区存在一个环绕高纬度的气旋带，并在之后的研究中得到了证实。此后，关于南大洋气旋的研究迅速增加，特别是 20 世纪 80 年代以来，气象卫星的发展为气旋的研究提供了可视化的云图以及辐射资料，Streten 和 Troup（1973）通过卫星云图判断了气旋的生成、走向与消亡。

很长一段时间里，繁琐的人工统计工作占据了大部分的研究时间，随着大气探空、卫星数据的应用，全球再分析数据和天气气候模式不断发展，国外气象学家开始尝试用数学算法来客观判定和追踪温带气旋，并进行全球的温带气旋气候学及其变率研究。自动识别气旋的方法为气旋的统计工作开启了更为便捷的方式，特别是提升了南北极极区以及海上气旋的气候特征的研究能力。追踪方法的开发者包括澳大利亚的 Murray（1991）和英国的 Hodges（1994，1996）等。主要有两种追踪气旋的措施：一种是欧拉方法，通过计算过滤后的平均海平面气压（MSLP）或位势高度场的方差或协方差来追踪气旋过程（Blackmon，1976；Ulbrich，1999）；另一种追踪方法是拉格朗日方法，即根据再分析数据的时次，依次追踪海平面气压或者大气涡度场中的极值点（Zhang et al，2004；Simmonds et al，2008，2009，2014；Serreze，1988，1995，2008）。近些年，利用气旋追踪方法，国内外的研究人员针对南北半球中高纬度和中国近海的气旋活动开展了统计分析和相关的研究工作。

在北半球的中高纬度和北极极区气旋的研究方面，Geng 和 Sugi（2001）对北半球温带气旋的频数、路径和强度的变化给出了统计；Xiang Dongzhang（2004）统计了 1948—2002 年北极地区气旋的逐年变化特征。还有许多工作集中在北极气旋活动与其他因子相关关系的研究，如与大西洋震荡指数（North Atlantic Oscillation Index，NAO），太平洋年代际振荡（Pacific Decadal Oscillation，PDO），厄尔尼诺与南方涛动（El Niño and South Oscillation，ENSO）和太平洋—北美震荡指数（Pacific North American Oscillation Index，PNA）（Gulev，2001）以及海冰融化和移动的关系。

在南半球区域，陈锦年（2000）针对南大洋气旋发生频数的变化及其与赤道东太平洋水温和南方涛动的关系做了研究。刘娜（2007）利用 FNL 数据研究了

2004—2008 年夏季南半球爆发性气旋的统计特征。国外的研究者 Uotila 等（2011）对南半球 2001—2009 年期间的气旋研究结果表明气旋与海表通量之间存在驱动与被驱动的关系，对海表通量有重要驱动作用的 85% 的气旋，属于天气尺度气旋，该类气旋的发展主要依靠斜压不稳定性和平流变化，大气边界层对其的作用微乎其微，受海气作用影响较大的是中尺度的气旋，该类气旋发展的能量来自强烈的海气作用导致的大气不稳定。魏立新等人（2015）对南半球 35°S 以南 1979—2013 年的温带气旋进行了追踪统计，详细分析了南大洋气旋的气候特征，包括气旋的路径、数量、密度、强度、深化率和爆发性气旋的活动。

自动气旋追踪算法的应用不仅加深了对南北极气旋的活动特征的认识，针对其他区域的气旋活动，特别是我国近海区域气旋的研究也得到深入开展。姚素香等（2003）利用 NCEP/NCAR 再分析资料分析了 1948—2000 年的春季东亚温带气旋的气候特征及其变化；王新敏等（2007）利用 ECMWF 海平面气压场再分析资料分析了 1979—2001 年蒙古气旋的气候特征。秦听等（2015）基于 1979—2012 年的 ERA-Interim 再分析资料分析了我国近海温带气旋的时空分布特征。周越等（2017）采用 ERA-Interim 再分析资料分析了我国江淮气旋的生成、发展与活动等特征。

本书采用雷丁大学的气旋自动追踪算法（Hodges et al，1994，1996）计算气旋的轨迹和密度，并统计了包括北极地区、南半球南大洋到南极沿岸区域以及中国近海等区域的海洋气旋近 40 年以来的气候特征，并研究了气旋活动的变化及其与大气环流、极区海冰变化之间的关联。

1.3 气旋追踪算法和研究对象

1.3.1 气旋追踪算法

气旋的追踪与识别有两类主要的算法：一类属于欧拉方法；另一类属于拉格朗日方法。欧拉算法通过计算过滤后的能代表一定系统尺度特征（2.5 ~ 8 d）的平均海平面气压场，或者高度场的方差或者协方差，以此来判断气旋的发展过程。这类方法可以给出气旋的强度和活动的特征。其中，Woollings（2012）等采用海平面气压场 2 ~ 6 d 的带通滤波的标准差计算了气旋过程；Ulbrich（1999）采用 500 hPa 的高度场 8 d 的带通滤波标准差计算气旋生成。拉格朗日算法的应用代表包括 Murray 和 Simmonds（1991）、Hodges（1994，1996）、Serreze（1988，1995）、Blender（1997）、Zahn 和 von Storch（2008）等，该算法通过识别连续时间间隔数据场内的极值（包括涡度或者气压极值等）来进行气旋追踪。拉格朗日的算法被证实对气旋的空间和时间变化都具有更高的灵活性。本文采用来自雷丁大学 Hodges（1994，1996）的气旋追踪算法。该算法可从海平面气压场中找出气压场中的极值或者 850 hPa 涡度场中的涡度极值并以此追踪气旋，被广泛地应用于温带气旋、热带气旋以及特定气旋如极地低压的研究当中。计算的过程主要分为 3 个步骤，见表 1-1。

表 1-1　气旋追踪算法的主要步骤

追踪顺序	主要步骤
第一步	滤波（filters）
第二步	定位（detection）
第三步	追踪（tracking）

1.3.2　气旋统计量

雷丁大学的气旋追踪算法附带了一套核概率密度估计算法。核密度估计算法属于非参数密度估计方法，可以生成连续、平滑的气旋数密度分布，其单位为无量纲。对概率密度算法有以下简要的解释。

（1）首先通过核概率密度估计的方法，以每个网格点周围 5° 的球冠面积作为基本单位，将单位面积内追踪到的气旋位置点作为参考样本，通过建立适当的核函数，根据估计点的位置到样本点的距离，估算所有格点内出现气旋活动的概率密度。概率密度为无量纲，本文中的统计统一采用无量纲的概率密度，将概率密度简称为气旋密度。

（2）气旋路径密度：气旋轨道密度的计算和气旋概率密度计算有所差异，其参考的样本点以地球网格点，根据距离每个网格点最近的气旋样本点作为统计的对象，而不是球冠面积内的所有气旋位置点，计算后再进行标准化整合为概率密度的形式，模拟的参考网格点附近的气旋路径分布状况。

1.3.3　爆发性气旋的定义

爆发性气旋也称为“气象炸弹”，其迅速发展加深会对周围区域的天气带来灾害性的影响。气旋的加深很早就被关注，并且有统一的标准，以贝吉龙作为气旋加深的单位。Sanders（1980）在 20 世纪 80 年代初首次提出爆发性气旋的定义，某一个气旋的中心气压值（北半球将其规范化到 60°N）在 24 h 内下降 24 hPa 以上，即气旋中心气压加深率大于 1 hPa/h（贝吉龙），则该气旋为爆发性气旋。气旋加深的公式如下：

$$rd = \frac{\Delta p}{24\ \text{hPa}} \cdot \frac{\sin 60^\circ}{|\sin\varphi|}$$

也有很多专家、学者选择采用另外一种相对较短的时间间隔来定义爆发性气旋（Yoshida and Asuma，2004），即计算 12 h 变压，使用 6 h 间隔的格点资料。本文为了更加细致地描绘出气旋加深情况，选择采用 12 h 变压法计算气旋的加深以及定义爆发性气旋。文中采用的气旋加深具体的公式如下：

$$rd = \left| \left[\frac{p_{t-6} - p_{t+6}}{12\ \text{hPa}} \right] \cdot \left[\frac{\sin(-60^\circ)}{\sin \dfrac{\varphi_{t-6} - \varphi_{t+6}}{2}} \right] \right|$$

12 小时内，气旋中心气压的下降达到 12 hPa 以上，即 12 小时内的气旋中心气压加深大于 1 hPa/h（贝吉龙），定义为爆发性气旋。

1.3.4 研究对象

（1）北极区域气旋：气旋进入 70°N 以北至 85°N 以南区域，生命史为 12 h（包括 12 h）以上，最低中心气压低于等于 1 000 hPa，不针对移动的距离做限定。季节范围为春季：3—5 月，夏季：6—8 月，秋季：9—11 月，冬季：12 月至次年 2 月。

（2）南大洋及南极周边海域气旋：气旋进入到 35°S 以南，生命史为 48 h（包括 48 h）以上，移动距离大于 1 000 km。季节范围为春季：9—11 月，夏季：12 月至次年的 2 月，秋季：3—5 月，冬季：6—8 月。

（3）中国近海海域气旋：按照国家海洋环境预报中心的划分标准将研究区域分为东部海区（23°—35°N，120°—130°E）和北部海区（35°—41°N，117°—127°E），这两部分合起来为中国近海气旋的统计区域。选取进入该区域，生命史超过 24 h，移动范围超过 500 km 的温带气旋。季节范围为春季：3—5 月，夏季：6—8 月，秋季：9—11 月，冬季：12 月至次年 2 月。

（4）北大西洋气旋：统计范围为 23.5°—66.5°N，100°W— 40°E。选取气旋生命史超过 48 h，不对移动的距离做限定。季节范围为春季：3—5 月，夏季：6—8 月，秋季：9—11 月，冬季：12 月至次年 2 月。

第 2 章

北极区域气旋

本章采用气旋追踪算法，基于欧洲中期天气预报中心（ECMWF）ERA-Interim 再分析数据平均海平面气压场资料，时间间隔 6 h，空间分辨率 0.75°，分析了 1979—2012 年北极气旋的季节和年际变化特征。同时，采用相关分析等方法，分析了气旋活动与北极海冰、大气遥相关型的关系。

2.1　北极气旋基本气候特征

2.1.1　北极气旋数量

表 2-1 给出了 1979—2012 年每个季节北极气旋的统计结果。气旋的平均数量有明显的季节变化，冬季气旋数量最多，春季最少。气旋总数的年际变化明显，最大数量可以达到最小数量的 2 倍。气旋强度（气旋过程的最低中心气压）也有明显的季节变化，夏季与其他三季相比要弱得多。每个季节强气旋的百分比（最低中心气压低于 980 hPa）也表明夏季气旋偏弱，仅占 6.4%。在春季、秋季和冬季，强气旋的比例分别为 11.8%、16.0% 和 17.4%。

表 2-1　北极气旋基本特征统计

统计量	春季	夏季	秋季	冬季
气旋总数（个）	2064	2276	2464	2759
气旋平均个数（个）	60.7	66.6	72.5	83.6
最多气旋个数（个）及出现年份	85，1990 年	97，1989 年 / 2012 年	99，2012 年	116，1992 年
最少气旋个数（个）及出现年份	42，2006 年	48，1990 年	55，2002 年	56，1985 年
最低气压低于 980 hPa 气旋比例（%）	11.8	6.4	16.0	21.5
最低气压低于 980 hPa 气旋平均个数（个）	7.1	4.5	11.7	17.4
从南向北跨进 70°N 的气旋占比（%）	46.7	50.4	39.0	37.2
从南向北跨进 70°N 的气旋平均个数（个）	28.3	33.7	28.3	30.2
最低中心气压值（hPa）及出现时间；位置	945.6，1997-03-07；71.4°N，175.4°W	964.7，1995-08-06；77.5°N，86.3°W	941.5，1996-11-17；80.6°N，114.1°E	936.1，2001-01-07；81.6°N，7.4°E

续表

统计量	春季	夏季	秋季	冬季
平均最低中心气压值（hPa）	986.7	990.8	985.5	981.2
爆发性气旋总数（个）	159	18	191	470
爆发性气旋（hPa/12 h）最大加深率 出现时间；位置	22.13 2004-0326； 72.7°N，173.0°W	18.2 1983-08-22； 72.2°N，20.5° E	25.4 2011-08-14； 73.9°N，48.1°E	24.9 1980-01-07； 74.5°N，0.16°E

统计表明，从春季到冬季，由南向北跨越 70°N 的气旋（文中称为跨极气旋）百分比分别为 46.7%、50.4%、39.0% 和 37.2%。夏季跨极气旋的百分比是四季中最高的，这与 Sorteberg 和 Walsh（2008）的统计结果非常接近。夏季的跨极气旋占气旋总量的 50%，其活动是影响北极天气、气候和气 - 海 - 冰相互作用的关键因素之一。爆发性气旋的数量和强度季节差异明显，1979—2012 年的 34 个夏季仅追踪到了 18 个爆发性气旋，最大加深率为 18.2 hPa/12 h；冬季的数量为 490 个，最大加深率为 24.9 hPa/12 h，数量和加深率均远超夏季。

2.1.2　北极气旋活动的区域特征

根据 Julienne 等（2011）对北极区域的划分方法，将北极划分为 5 个子区，依次为楚科奇和东西伯利亚海（CHU）区，俄罗斯以北的中部（CRU）区，格陵兰岛、挪威和巴伦支海（GNB）区，格陵兰岛（GRL）区和高纬度北美洲以北（HNA）区，如图 2-1。

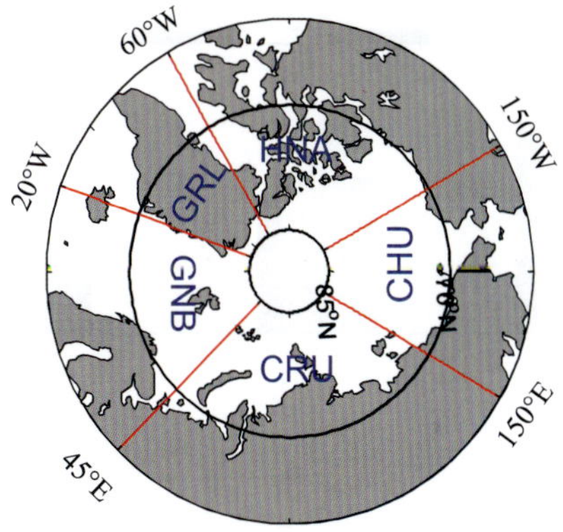

图2-1　北极研究区域的划分

图 2-2 分别显示了 5 个子区的气旋活动。CRU 区的气旋活动频率百分比最高，从春季到冬季分别达到 41%、40%、40% 和 35%，GNB 区次之，春季和冬季的百分比达到 30%，但是夏季的比例相对较低，为 18%。HNA 区的季节分布比较均匀，为 14% ~ 19%。CRU 区夏季气旋的最大百分比达到 40%，比其他子区更活跃。进入北冰洋的气旋数量随季节变化明显，前 3 个子区是 GNB、CRU 和 NHA，其中春、秋、冬三季均有超过 34% 的气旋自 GNB 区进入北极，夏季有 37% 由 CRU 区移入。

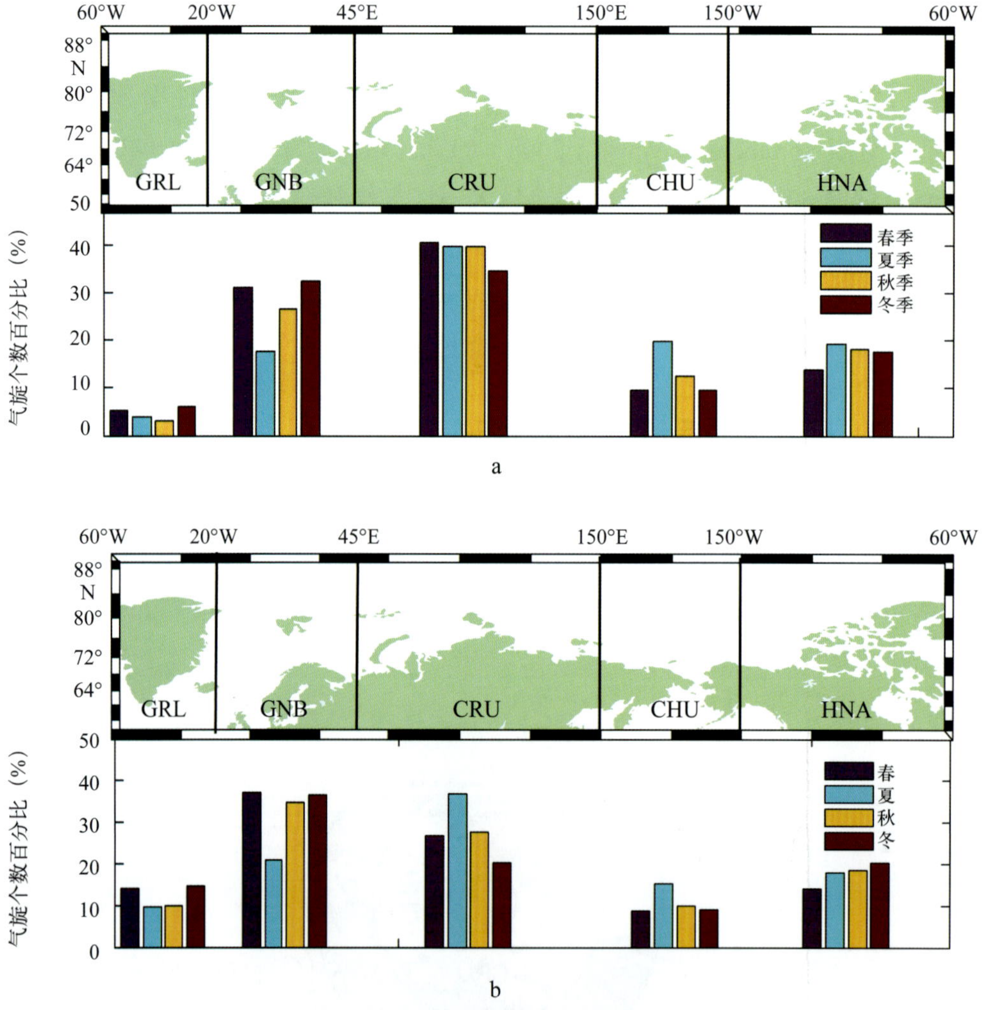

图2-2 1979—2012年5个子区四季气旋个数所占比例

a. 出现在70°N以北的气旋；b. 跨入70°N的气旋

2.1.3　北极气旋路径的分布特征

利用气旋追踪算法计算得出北极区域气旋路径如图 2-3 所示，在此基础上，进一步计算得到北极区域各季气旋路径密度，如图 2-4 所示。气旋的高密度区域分布在挪威海、巴伦支海和喀拉海，但气旋的密度同样也随季节而变化。春季，最大的密度区位于巴伦支海，在北美的北部海域只追踪到个位数的气旋活动。四季中，夏季气旋活动范围最大，气旋的密度最大值仍然位于俄罗斯北部沿岸，但北美北部海域追踪的气旋增加。秋季，气旋的高密度区域向东移动，从巴伦支海到喀拉海沿岸，范围更大，密度更高。冬季，气旋的范围和发生频次均达到峰值，有两个活动中心，一个从挪威海到巴伦支海，另一个在巴芬湾。

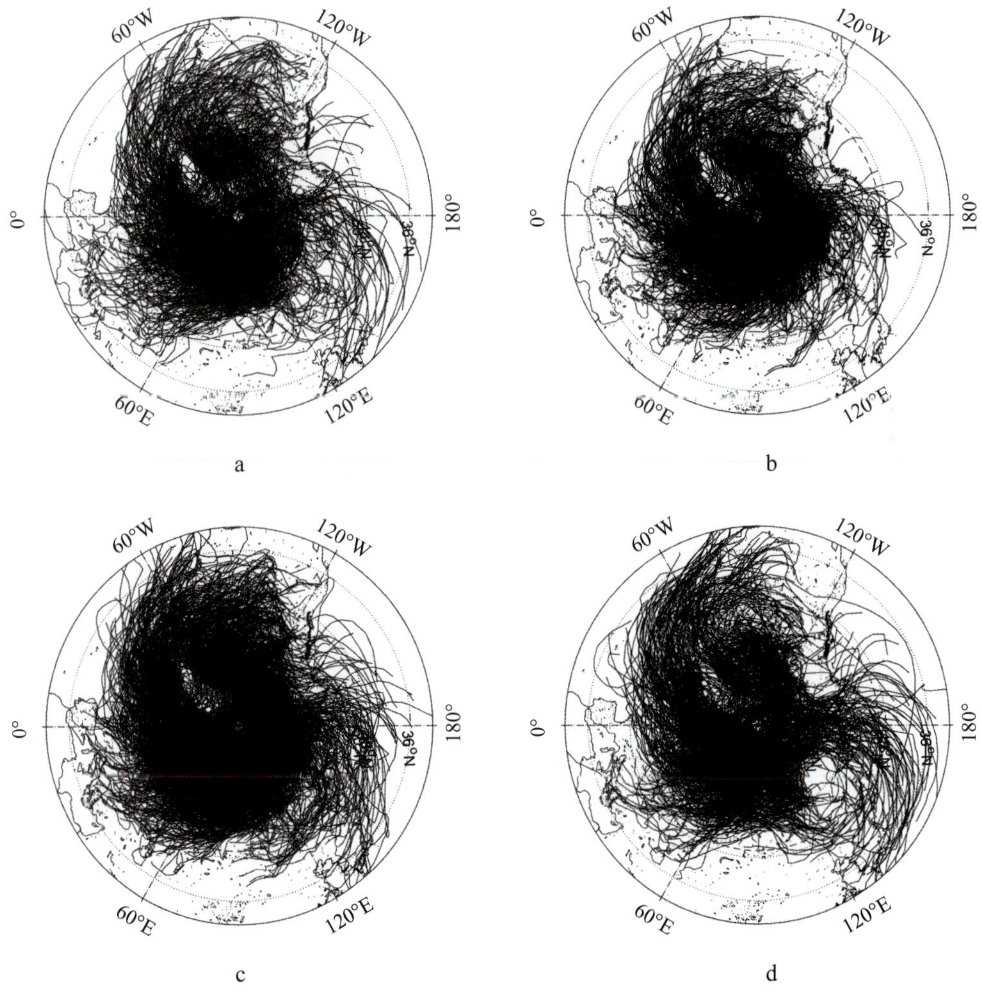

图2-3　北极区域气旋路径

a. 春季；b. 夏季；c. 秋季；d. 冬季

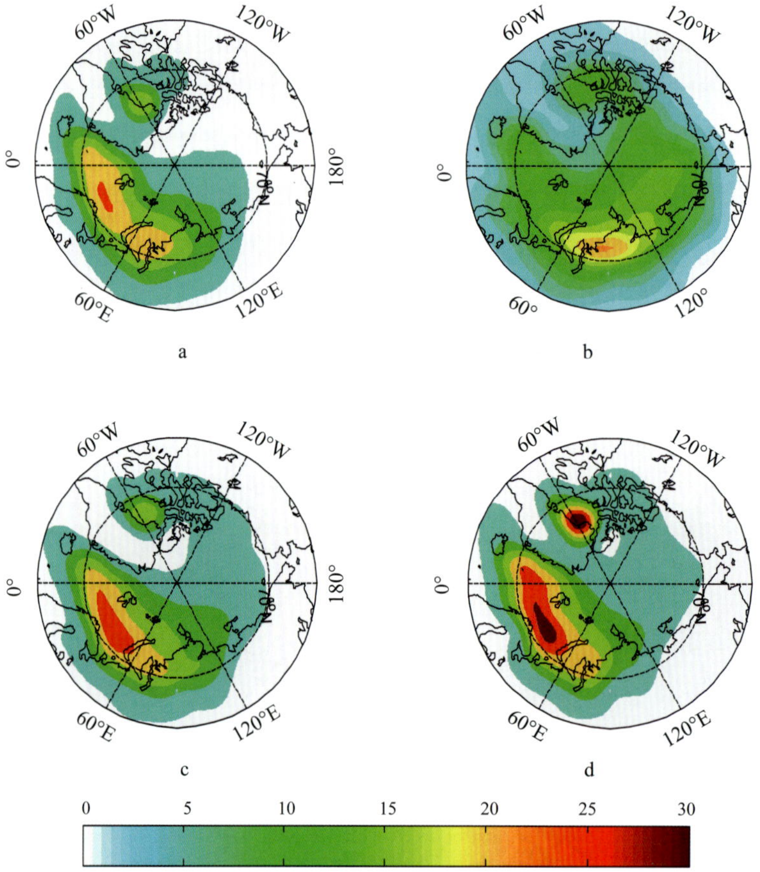

图2-4　气旋路径密度的空间分布

a. 春季；b. 夏季；c. 秋季；d. 冬季

2.1.4　北极气旋路径的空间变化特征

图 2-5 显示了气旋路径密度线性变化趋势的空间分布。黑色星号表示该区域变化趋势达到 95% 显著水平。春季，格陵兰岛以西、北美的东北部大部分地区都表现为显著的负趋势，这表明气旋活动在这些区域是减少的。夏季，显著的减少趋势在挪威海、格陵兰海和北极中心区，相反，在巴伦支海、喀拉海明显表现为增长的趋势。秋季只有格陵兰岛以西的巴芬湾有显著增加趋势。冬季，俄罗斯以北的巴伦支海到喀拉海有显著的减少趋势。在 34 年的研究期内，气旋活动在一些区域确实出现显著变化。

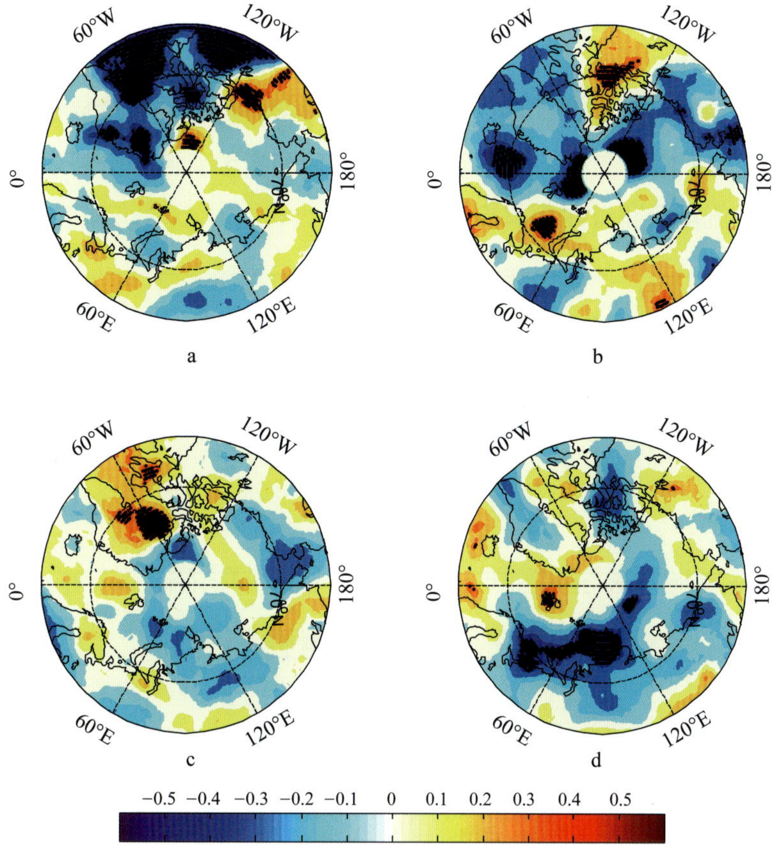

图2–5　气旋路径密度线性变化趋势的空间分布

a. 春季；b. 夏季；c. 秋季；d. 冬季。阴影表示达到95%显著水平区域

2.2　北极气旋活动的影响因子

北极气旋活动受中高纬度地区大尺度环流的控制，并与北极海冰活动有关。近年来，北极海冰的范围显著减小，尤其是 9 月最为明显，海冰的显著变化也将对气旋活动产生重要影响。通过对 1979—2012 年夏季（6 月，7 月，8 月）和冬季（12 月，1 月，2 月）的气旋路径密度异常的标准化值和同期大气环流指数，包括北极涛动指数（Arctic Oscillation Index，AO），大西洋涛动指数（North Atlantic Oscillation Index，NAO）和太平洋—北美涛动指数（Pacific North American Oscillation Index，PNA），以及前期（春季和秋季）北极海冰面积指数之间的相关分析，探讨了北极气旋活动与大气环流和海冰面积之间的关联。大气环流指数均来自美国国家海洋和大气管理局（National Oceanic and Atmospheric

Administration，NOAA），海冰指数来自美国冰雪中心（National Snow and Ice Data Center，NSIDC）。图 2–6a 和 b 分别给出了夏季和冬季标准化环流指数和去趋势海冰面积指数的直方图。在这里，将气旋路径密度场的季节异常回归到同期 AO，NAO，PNA 指数和前一个季节北极海冰面积指数。回归分析表明，气旋活动与大尺度环流指数和海冰面积指数密切相关。

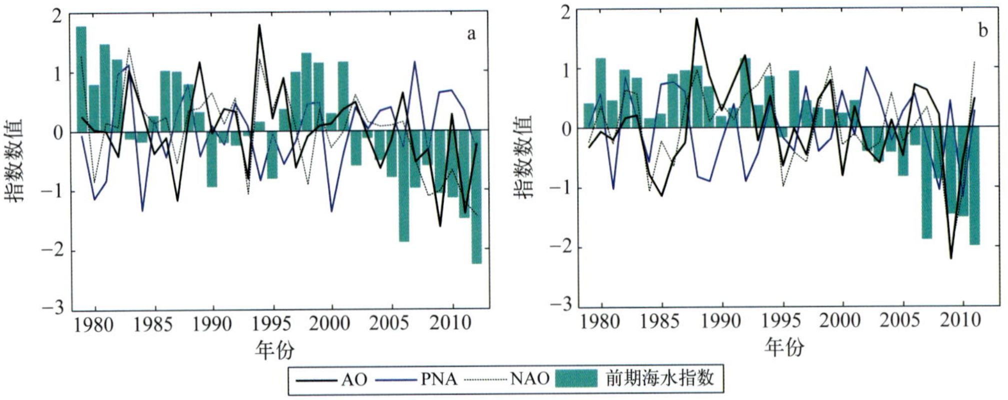

图2–6　标准化环流指数

a. 夏季AO、PNA、NAO指数，春季海冰面积指数；

b. 冬季AO、PNA、NAO指数，秋季海冰面积指数

夏季北极气旋活动异常与 AO 和 NAO 变化密切相关，相关系数分布型非常相似，但 AO 达到显著性水平的区域更大。在图 2–7a 中，从丹麦海峡延伸至格陵兰海，穿过北冰洋中心区到巴芬湾和加拿大海盆都表现出显著的正相关，这意味着在正异常的 AO 指数阶段，这些地区的气旋活动更多；相反，具有负相关的区域仅在拉普捷夫海一带达到显著水平。图 2–7a 中的正显著相关区域比图 2–7b 中范围广，而图 2–7b 中的负显著相关区比图 2–7a 中的范围广、强度强，特别是在拉普捷夫海。

在图 2–7c 中，气旋的路径密度异常和 PNA 指数之间的负显著相关区覆盖了北冰洋的大部分区域，特别是格陵兰岛的北部，北美洲的高纬度地区到波弗特海，以及东西伯利亚海的一部分，这意味着负异常 PNA 与北极气旋活动的增加有关。在 70°N 以北的大部分地区，PNA 对气旋路径密度的影响与 AO 和 NAO 的影响相反。

自 20 世纪 70 年代后期以来，得益于卫星观测技术的发展，北极的海冰密集度数据可用于气候研究。近年来，海冰范围和面积正急剧减少，并引起了北极乃

至全球气候的一系列响应（Stroeve J et al，2007；Comiso J C，2008）。为了掌握气旋活动与海冰变化之间的关系，计算了夏季气旋路径密度异常与春季海冰面积指数之间的相关系数。图 2-7d 揭示了当春季海冰面积减少时，巴伦支海和喀拉海上的夏季气旋活动大幅增加，而在格陵兰岛东北部，则为相反的关系。

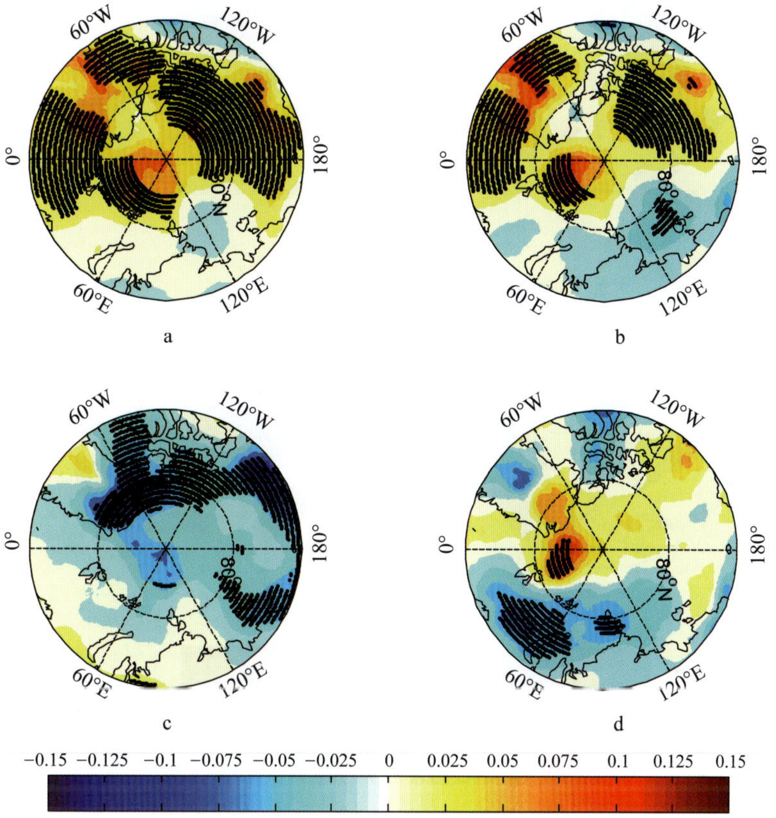

图2-7　1979—2012年期间夏季环流指数、春季海冰面积指数与夏季气旋路径密度相关系数的空间分布

a. AO；b. NAO；c. PNA；d. 前一季（春季）海冰面积指数

阴影表示达到95%显著水平区域（$R = 0.33$）

图 2-8 为冬季气旋路径密度异常与同期的 AO/NAO/PDA 以及秋季海冰面积指数之间的相关系数空间分布图。与夏季相关系数的空间分布相比，北极冬季气旋活动与 AO 和 NAO 是负相关，即 AO（NAO）正异常与气旋活动减少相关联。AO/NAO 指数为正异常，格陵兰海和巴芬湾的气旋活动减少，且 NAO 表现更突出。比较图 2-7c 和图 2-8c，表明冬季气旋路径密度与 PNA 之间的关联度低于夏季。相反，在图 2-7d 中，秋季海冰与冬季气旋活动相关度较好，秋季海冰减少，格陵兰海北部气旋路径密度正异常，巴伦支海和喀拉海东部为负异常，在很

大程度上，这种相关性的分布型与夏季气旋路径密度异常同春季海冰面积指数的相关关系反向。

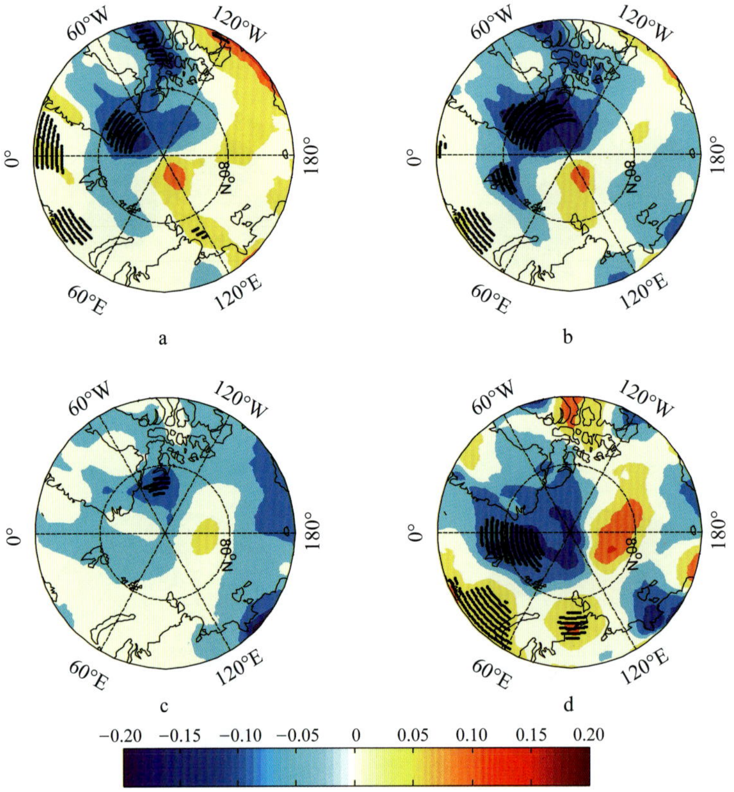

图2-8　1979—2012年期间冬季大气环流指数、秋季海冰面积指数与冬季气旋路径密度相关系数的空间分布

a. AO；b. NAO；c. PNA；d. 前一季（秋季）的海冰面积。阴影表示达到95%显著水平区域（R=0.33）

第3章

南大洋及南极周边海域气旋

本章采用气旋追踪算法，基于欧洲中期天气预报中心（ECMWF）ERA-Interim 再分析数据平均海平面气压场资料，时间间隔 6 h，空间分辨率 0.75°，分析了 1979—2013 年 35° 以南南大洋及南极周边海域（以下简称南大洋）气旋的气候特征，并讨论了气旋活动与南极环状模之间的关系。

3.1 南大洋气旋基本气候特征

3.1.1 南大洋气旋数量

表 3-1 提供了 1979—2013 年南大洋气旋的基本情况统计。表中数据表明，南大洋气旋的数量具有明显的季节变化。冬季气旋的发生频次最高，气旋数量最多，夏季最少，春季和秋季数量较接近。就平均中心气压而言，夏季的气旋强度最弱，冬季最强。但从气旋所能达到的最低中心气压来看，冬季、春季和秋季都能出现强度相当的强气旋。

表 3-1 南极气旋基本情况统计

统计量	春季	夏季	秋季	冬季
总个数（个）	7 691	6 379	7 712	8 215
平均个数（个）	219.7	187.6	220.3	234.7
最多气旋个数（个）	239	220	239	253
最多气旋个数出现年份	1992	2011	1996	2004
最少气旋个数（个）	201	168	203	205
最少气旋个数出现年份	1993	2002	2007	1990
气旋个数标准差	11.9	12.7	9.7	10.9
平均中心气压值（hPa）	968.4	972.4	968.7	967.4
最低中心气压值（hPa）	914.5	924.1	912.5	913.2

图 3-1 给出了各季节气旋总数的时间序列，并计算了 1979—2013 年线性变化趋势。各季气旋总数都有增加趋势，仅夏季达到显著水平。

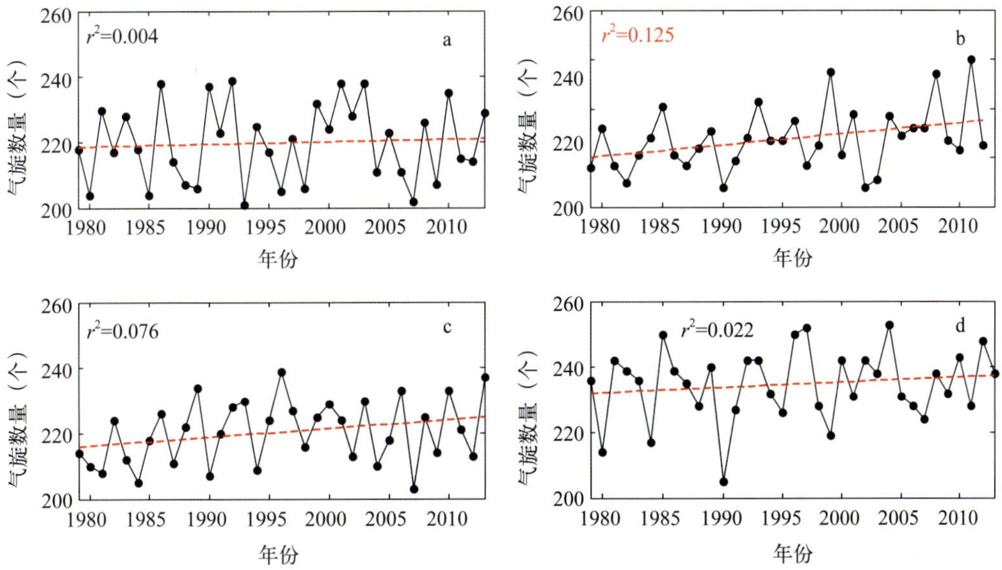

图3-1　南大洋气旋个数时间序列

a. 春季；b. 夏季；c. 秋季；d. 冬季。红色虚线为气旋个数的线性趋势，

r^2是相关系数（红色表示趋势通过95%的显著性检验）

3.1.2　南大洋气旋空间分布

图 3-2 是各个季节气旋密度的空间分布。气旋的高密度区域位于 55°—67°S 的纬度带内，与南极的绕极槽一致。在这个纬度带内，所有季节的气旋最大密度区均位于印度洋（特别是澳大利亚的南部和西南部）。冬季罗斯海外围，春季和夏季的别林斯高晋海也有较多的气旋活动。气旋高密度带的纬度范围随季节变化，夏季范围最广，但最大密度值比其他三季小。冬季，气旋的高密度带变窄并向南极方向移动，此外，高密度区的经度范围由印度洋向太平洋扩展。

图 3-3 为 1979—2013 年各个季节南大洋气旋路径密度空间分布图。统计的结果与 Jones 和 Simmonds（1993）的结果一致。对于每个季节，气旋路径高密度区位于 50°—70°S 的纬度带，这也是南半球的锋区位置，包括亚南极锋区和极锋区等。

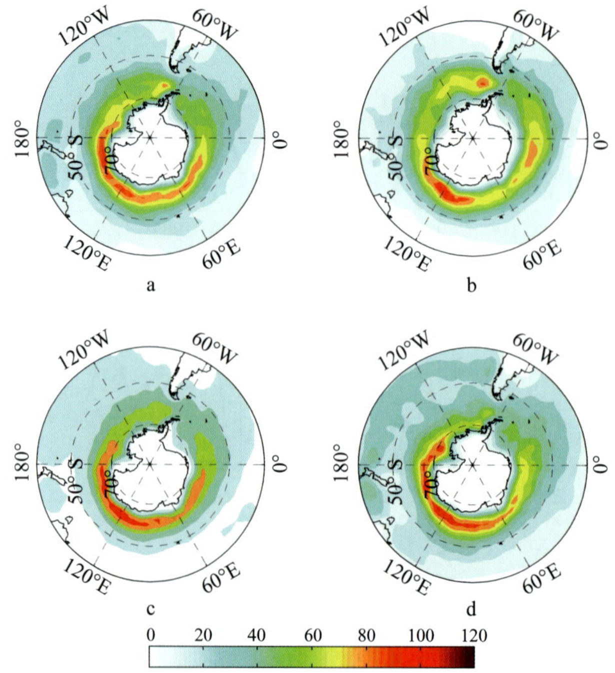

图3-2　1979—2013年期间气旋密度

a. 春季；b. 夏季；c. 秋季；d. 冬季

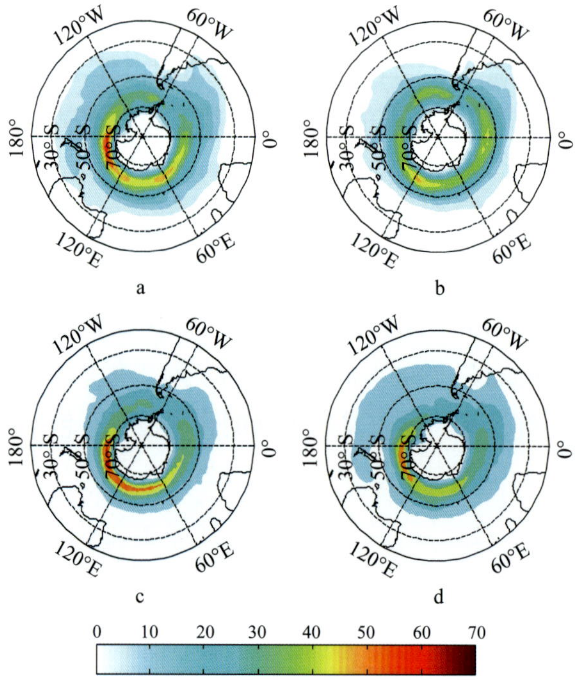

图3-3　1979—2013年期间气旋路径密度

a. 春季；b. 夏季；c. 秋季；d. 冬季

3.1.3　南大洋气旋活动频次的空间变化特征

1979—2013 年各个季节南大洋气旋密度的线性变化趋势空间分布如图 3-4 所示。在春季、秋季和冬季的绕极槽（50°—65°S）大部分区域呈正趋势，表明在这些季节中该区域气旋 30 多年来为增加趋势；同样的季节内，从罗斯海到别林斯高晋海主要呈现减少的趋势，并且这种趋势在南极沿岸地区占主导地位，表明气旋在这些区域有所减少。在印度洋扇区夏季的趋势则与其他三季相反，绕极槽气旋活动减少，而南极大陆沿岸表现为增加。

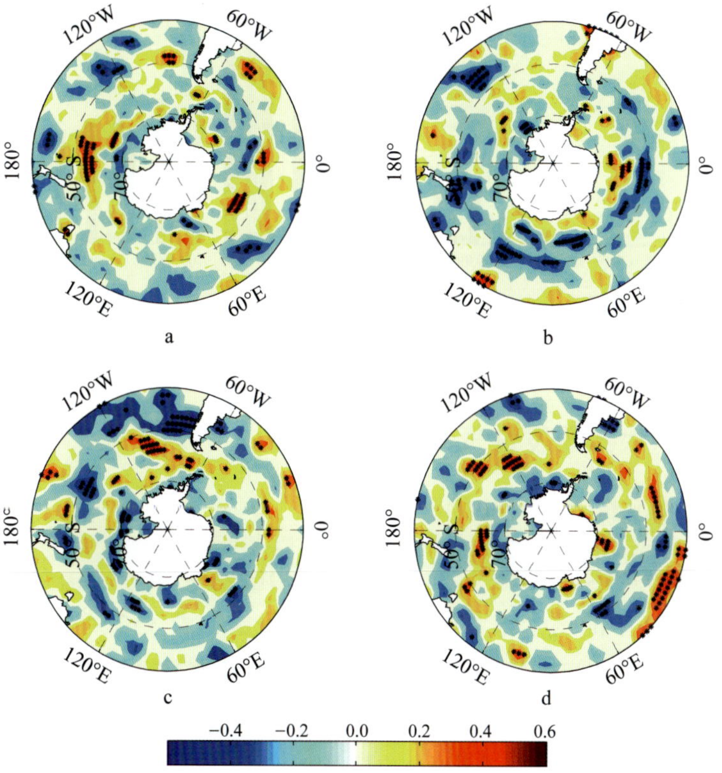

图3-4　气旋路径密度的变化趋势分布

a. 春季；b. 夏季；c. 秋季；d. 冬季。阴影表示达到95%显著水平区域

3.2　南大洋气旋强度及爆发性气旋

3.2.1　南大洋气旋强度

南大洋气旋的整体强度较北半球强，其平均最低中心气压的强度达到 980 hPa，因此有必要对南大洋气旋的强度进行更细致的划分，将每 10 hPa 作为气旋的强度

间隔，1979—2013 年统计到的气旋按照其整个生命史中的最低中心气压进行强度的分类，如图 3-5 所示，南大洋气旋的最低中心气压主要分布在 940 hPa 和 980 hPa 之间，占气旋总数的 60% ~ 70%，没有追踪到中心气压低于 910 hPa 的气旋。统计的时间段内，在春季、秋季和冬季有少数气旋的中心气压能低于 920 hPa；夏季，960 ~ 980 hPa 的气旋比例远远超过其他三季，强度最弱。

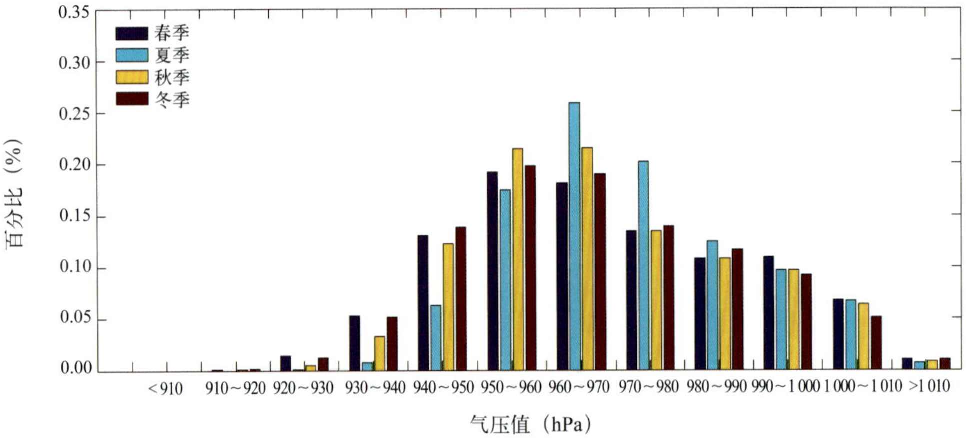

图3-5　气旋强度直方图

3.2.2　南大洋爆发性气旋

（一）南大洋爆发性气旋的数量

统计区域为南大洋 35°S 以南，以 5° × 5° 作为统计的单元，计算 1979—2013 年落入每个网格中的逐个季节的爆发性气旋数量。表 3-2 列出了统计结果。爆发性气旋的总数有明显的季节变化，冬季最多，夏季最少，分别占 30% 和 19%，春季和秋季分别占 24% 和 27%。不同季节的平均加深率没有显著差异，均在

表 3-2　1979—2013 年南大洋爆发性气旋统计量

统计量	春季	夏季	秋季	冬季
气旋总个数（个）	2 531	1 901	2 794	3 068
气旋平均个数（个）	72	56	80	88
爆发性气旋占比（%）	24	19	27	30
平均气旋加深率（hPa/h）	1.26	1.23	1.27	1.30
最大气旋加深率（hPa/h）	3.52	2.74	3.47	5.44

1.26 ~ 1.30 hPa/h 之间。冬季最大加深率可达到 5.44 hPa/h，是夏季最大加深（2.74 hPa/h）的 2 倍，但是只有少数气旋可以达到。春季和秋季的平均和最大加深率都比较接近。

（二）南大洋爆发性气旋的空间分布

南大洋各个季节的爆发性气旋的空间分布如图 3-6 所示，结果表明，气旋的爆发性增强可以发生在 35°S 以南的大部分洋面上，尤其是在 45°—55°S 的纬度范围，四个季节发生的频率都较高。大西洋和印度洋区域气旋爆发性增长的频次是太平洋区域的两到三倍。气旋爆发高频带在其南北两侧快速减少，特别是在大西洋和印度洋区域；低频区主要位于南极洲沿岸，很少有爆发性的发展。

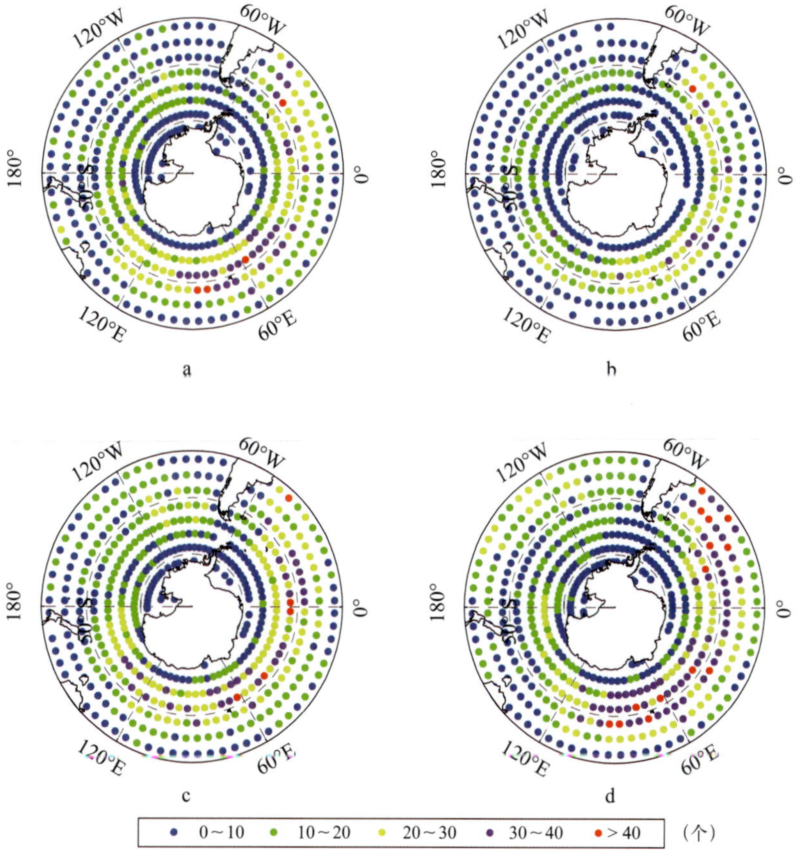

图3-6　南大洋爆发性气旋的分布

a. 春季；b. 夏季；c. 秋季；d. 冬季

3.3 南大洋气旋活动的影响因子

（一）环流因子的选取与时间序列

南半球中高纬度地区的大尺度大气活动的主导因素为南半球环状模（Southern Annular Mode，SAM）（Gong and Wang，1999；Fogt，2009）。在 SAM 的正相位期间，南半球西风带向南极移动，而在负位相期间，西风带向赤道移动。本文中计算气旋活动和 SAM 指数之间的相关性，探求该指数对气旋活动的影响。图 3-7 给出了各季节的 SAM 指数，其中夏季环状模具有显著增长趋势，这与前人的研究一致（Thompson and Solomon，2002；Fogt et al. 2009）。

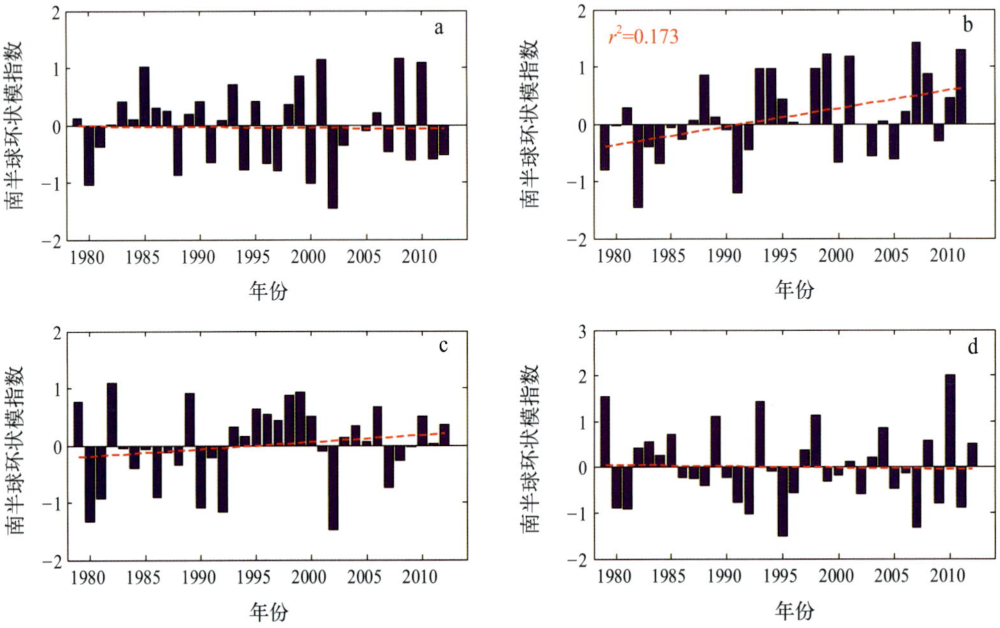

图3-7 标准化的南半球环状模指数时间序列

其中：a. 春季；b. 夏季；c. 秋季；d. 冬季。时间从1980年开始。红线是线性趋势，r^2是相关系数（红色表示趋势，通过95%的显著性检验）

（二）气旋密度与环流因子的相关关系

图 3-8 给出了 1979—2013 年期间气旋的密度异常与环状模（SAM）指数之间相关系数的空间分布，两者之间相关关系呈环状分布。在所有季节里，45°—60°S 之间均存在一个显著的负相关带，该负相关带在春季，夏季和秋季更为明显且连续。其中，春季的 3 个最大值区域分别位于东印度洋到西太平洋区域（50°—60°S，60°E—150°W），德雷克海峡到西大西洋区域（50°—60°S，30°—70°W）以

及南非南部。在夏季，有两个大值区，一个是从印度洋西南部到德雷克海峡，另一个在塔斯马尼亚以南的太平洋西南部。相反，60°—70°S 的纬度带上存在显著的正相关带，并且春季、夏季和冬季相对于秋季更为突出。已有研究表明，SAM 的正相位伴随着南半球极锋急流向极移动（Thompson and Solomon，2002），对应较少（更多）的气旋发生在大约 50°S（65°S）。

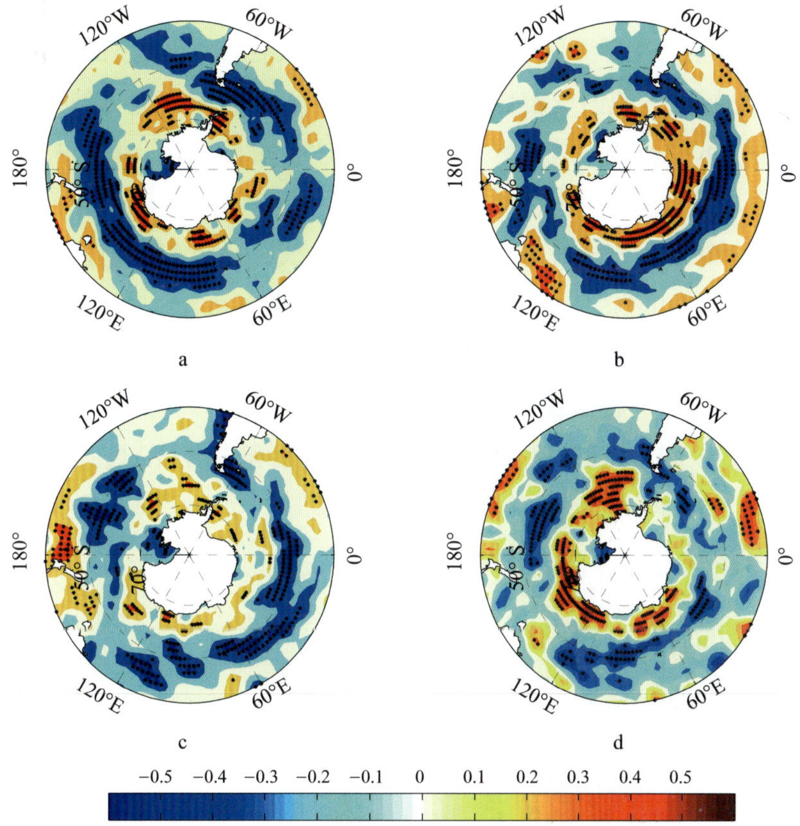

图3-8　1979—2013年气旋密度异常与同期SAM指数之间的相关系数

a. 春季；b. 夏季；c. 秋季；d. 冬季。黑色星号表示达到95%的显著性检验的区域

3.4　中国南极科考站气旋活动特征

目前，我国在南极已建成并投入使用的科考站总共有 4 个，分别是长城站（62°12′59″S，58°57′52″W）、中山站（69°37′31″S，76°37′22″E）、昆仑站（80°25′01″S，77°06′58″E）和泰山站（73°51′S，76°58′E）。其中昆仑站为内陆站，中山站、长城站以及泰山站在南极大陆的沿岸，环绕南极大陆的气旋是影响沿岸站区天气的主要灾害性天气系统之一。本节基于气旋自动定位和追踪算法，对中国南极 3 个科

考站划定的统计区域内（图 3-9）1979—2013 年时间段内的气旋时空分布特征进行较为全面的分析，包括：气旋数量、空间分布、强度和加深率等，并研究了达到爆发性发展的气旋的时空特征。季节划分遵循南大洋气旋的划分标准为春季：9—11 月，夏季：12 月—次年 2 月，秋季：3—5 月，冬季：6—8 月。

进入 3 个科考研究区域内的气旋个数的时间序列如图 3-10 所示，并且分别给出了 9 点二次平滑和线性变化趋势线。考虑到气旋的时间序列中包含多种时间尺度的变化，采用 9 点二次平滑是为突出气旋的 10 年以上的时间尺度的变化。图 3-10a 表明，中山站统计区域内气旋数量年际变化明显，但 35 年整体线性变化趋势不显著。图 3-10b 中长城站统计区域内气旋整体有增长趋势，但也未达到 95% 的显著性水平。图 3-10c 中泰山站的整体变化为减少趋势，并达到了 95% 的显著性水平。综合分析 3 个科考站区的二次平滑曲线，2010 年以前，中山站和长城站两个站区的气旋个数变化趋势基本一致，之后中山站气旋减少，而长城站则增加。两个站区 1985 年以前气旋个数整体表现减少趋势，1985 年以后逐渐增加，尤其是 1995 年以后气旋数量增加明显，但 2000 年以后，气旋的个数整体较 20 世纪 90 年代偏少。泰山站的变化趋势在 1995 年之前和中山站、长城站的趋势相近，1995 年以后至 2008 年，该站气旋的变化趋势和其他两站呈现反位向，2010 年以后为减少的趋势。

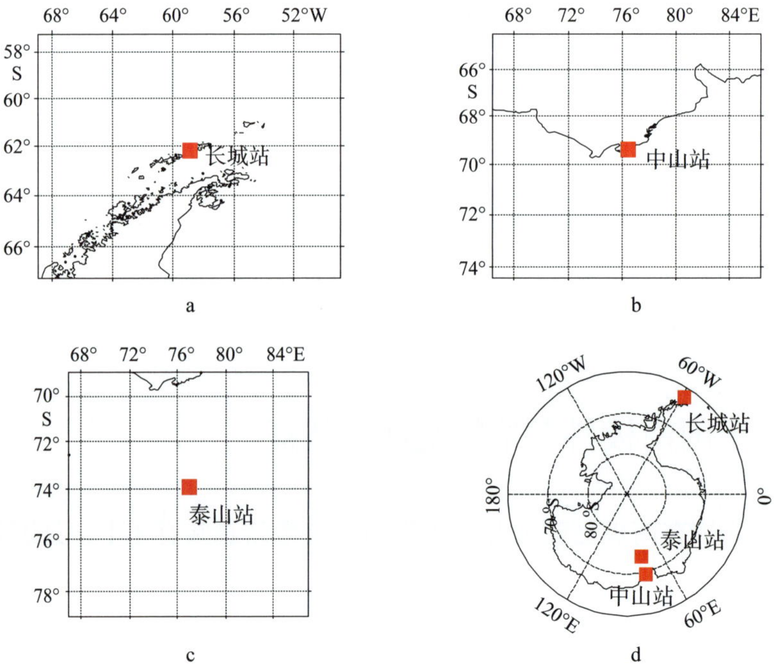

图3-9　南极各考察站气旋统计区域

a. 长城站；b. 中山站；c. 泰山站；d. 3个站区的位置

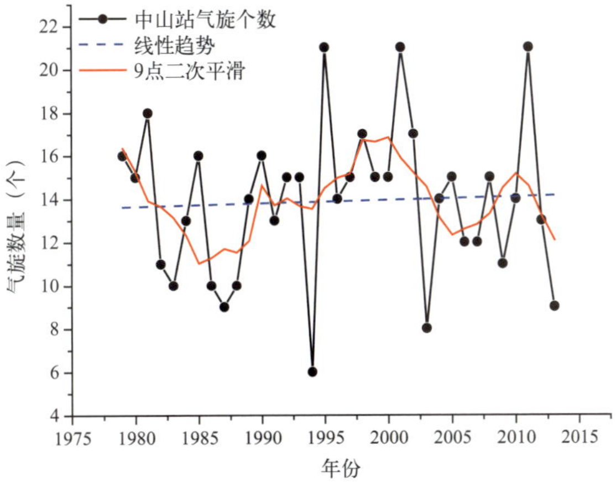

a

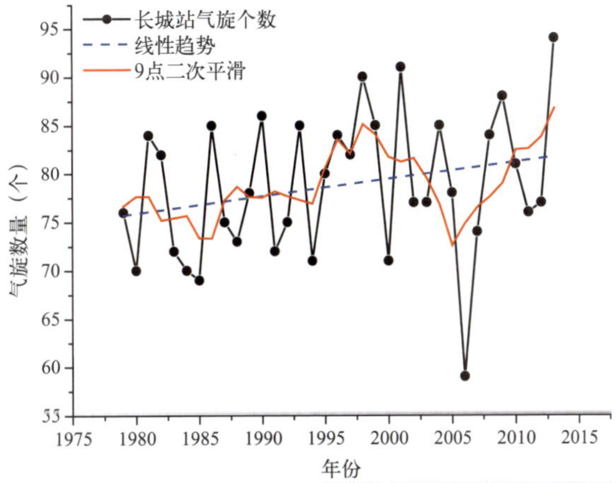

b

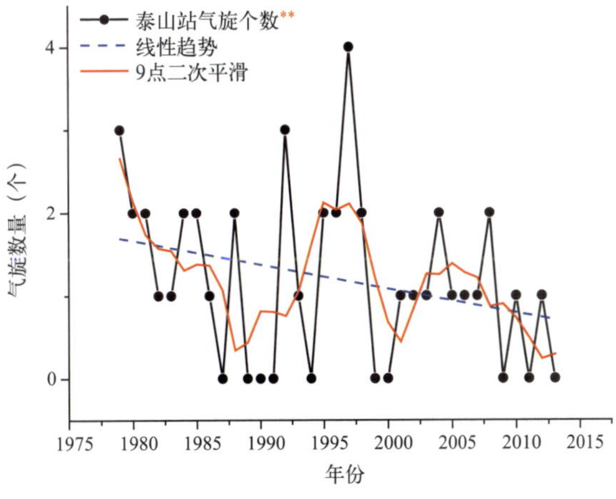

c

图3-10　3个科考站统计区域内气旋数量的时间序列

a. 中山站；b. 长城站；c. 泰山站。红色的**表示线性趋势通过95%显著性检验

3.4.1 中山站气旋的统计特征

(一)中山站气旋的基本气候特征

中山站位于南极普里兹湾沿岸，年平均气温 -10℃左右，极端最低温度可低于 -40℃；中山站气候表现为常年气温低且冬夏温差大、湿度小、风力强，具备南极极地气候典型特点（Wendler and Kodama，1984）。该区域经常受到移动到南极沿岸的气旋影响，大量研究表明，气旋多在此处消亡，因此，该地区也被称作气旋的“墓地”。

表 3-3 是气旋基本气候特征的统计，结果表明，1979—2013 年进入该区域的气旋总数为 486 个，年平均 13.9 个。气旋数量冬、春季节比夏、秋季节多，其中夏季最少。气旋的生命史平均为 4.3 d，最长可达 14 d。气旋的最低中心气压值可达到 920 hPa，出现在冬季。绝大部分气旋在该区域不处于强烈的发展期，平均加深率为 0.32 hPa/h，但是各季节都出现了最大加深率达到爆发性标准（1 贝吉龙）的气旋过程。35 年以来，该区域内达到爆发性增长的气旋个数为 6 个，最大爆发加深为冬季的一次过程，达到 1.56 hPa/h，所以，以往普遍认为普里兹湾是“气旋墓地”，气旋进入该区域就会减弱、消亡的观点过于极端，仍会有少数气旋在这里显著加强，甚至爆发性发展（解思梅等，2002）。

表 3-3 中国南极中山站统计区域内气旋基本信息

统计量	春季 （9—11 月）	夏季 （12 月至次年 2 月）	秋季 （3—5 月）	冬季 （6—8 月）	年总数 （1—12 月）
气旋总数（个） （1979—2013 年）	136	86	115	142	486
平均数（个）	3.9	2.5	3.3	4.1	13.9
气旋个数最大值（个） 最大值出现年份	7 1979 年、1992 年、2008 年	11 2001 年	7 2005 年	8 1995 年	21 1995 年、2001 年、2011 年
气旋个数最小值（个） 最小值出现年份	1 2003 年、2009 年、2012 年	0 1987 年、1997 年、2000 年、2007 年	1 1986 年、2003 年、2010 年、2013 年	0 1994 年	6 1994 年

续表

统计量	春季（9—11 月）	夏季（12 月至次年 2 月）	秋季（3—5 月）	冬季（6—8 月）	年总数（1—12 月）
中心气压低于 980 hPa 气旋个数（个）	127	70	102	128	434
中心气压低于 980 hPa 个数所占比例（%）	93.3	81.4	88.7	90.1	89.3
爆发性气旋个数（个）	1	0	2	3	–
气旋最大加深率（贝吉龙） 爆发日期，爆发位置	1.26 1983-10-25；65.2°S，71.5°E	0.73 2005-01-27；64.6°S，71.7°E	1.25 2012-05-26；64.5°S，76.2°E	1.56 1986—08—15；64.8°S，79.2°E	–
平均加深率（hPa/h）	0.27	0.25	0.34	0.41	0.32

（二）中山站气旋的强度

对中山站统计区域内气旋的最低中心气压分布进行了统计，图 3-11 为气旋最低中心气压值分布图。这部分气旋的最低中心气压值主要分布在 950 ~ 980 hPa 之间。季节差异表现为春、冬季的强度较强，气压集中于 950 ~ 960 hPa，夏、秋季相对较弱；尽管绝大多数气旋进入该区域不会爆发性的发展，甚至还会减弱，但由于气旋本身强度较强，低于 980 hPa 以上的气旋比例高达 89.3%，所以仍会造成大风和强降雪等剧烈的天气，给航行和站务工作带来灾害性的影响。

（三）中山站气旋的活动特征

为深入了解极地科考站附近气旋以及爆发性气旋的空间分布情况，对 1979—2013 年气旋的源地、消亡地、移动中经过的位置（图 3-12 ~ 图 3-14）以及气旋爆发性增长的位置进行了统计（图 3-15）。气旋的个数分布图中采用 2° × 2° 网格作为统计单位，统计落入该单位内的气旋个数。图 3-12 表明，进入到中山站统计区域内的气旋主要生成于站区的西北一侧，生成以后向东或东南移动至南极大陆沿岸海域，夏季和秋季在站区西北侧生成的气旋比冬季和春季的偏多；气旋活

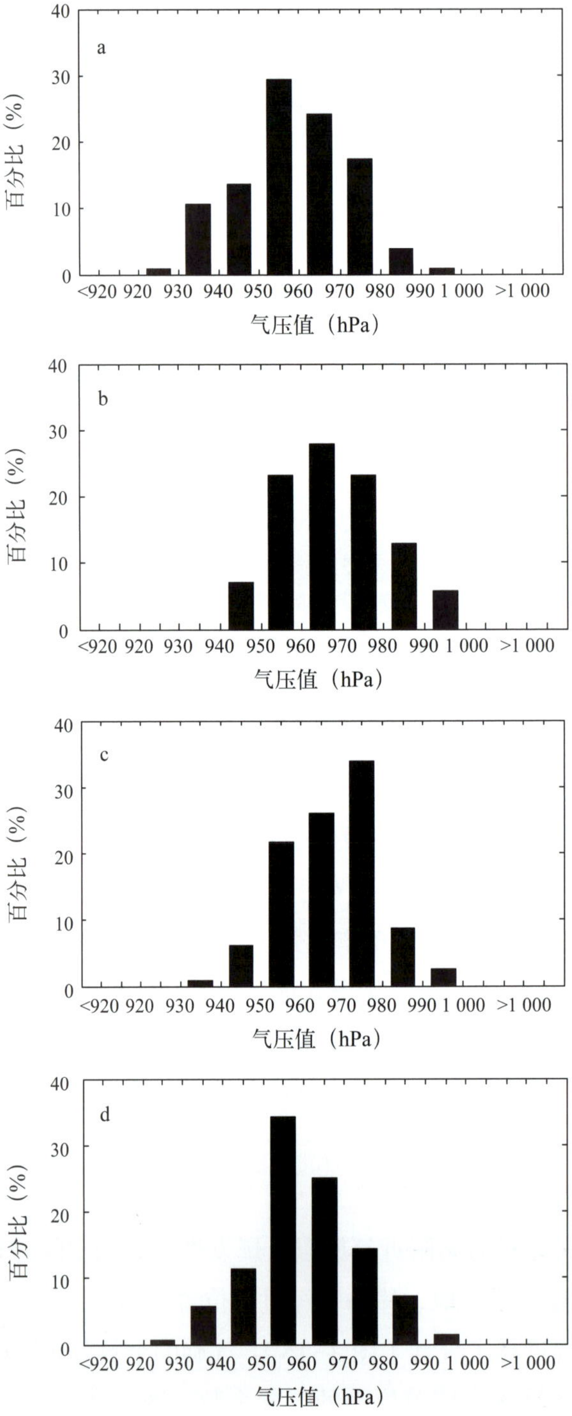

图3-11　中山站统计区域内气旋最低气压值分布直方图

a. 春季；b. 夏季；c. 秋季；d.冬季

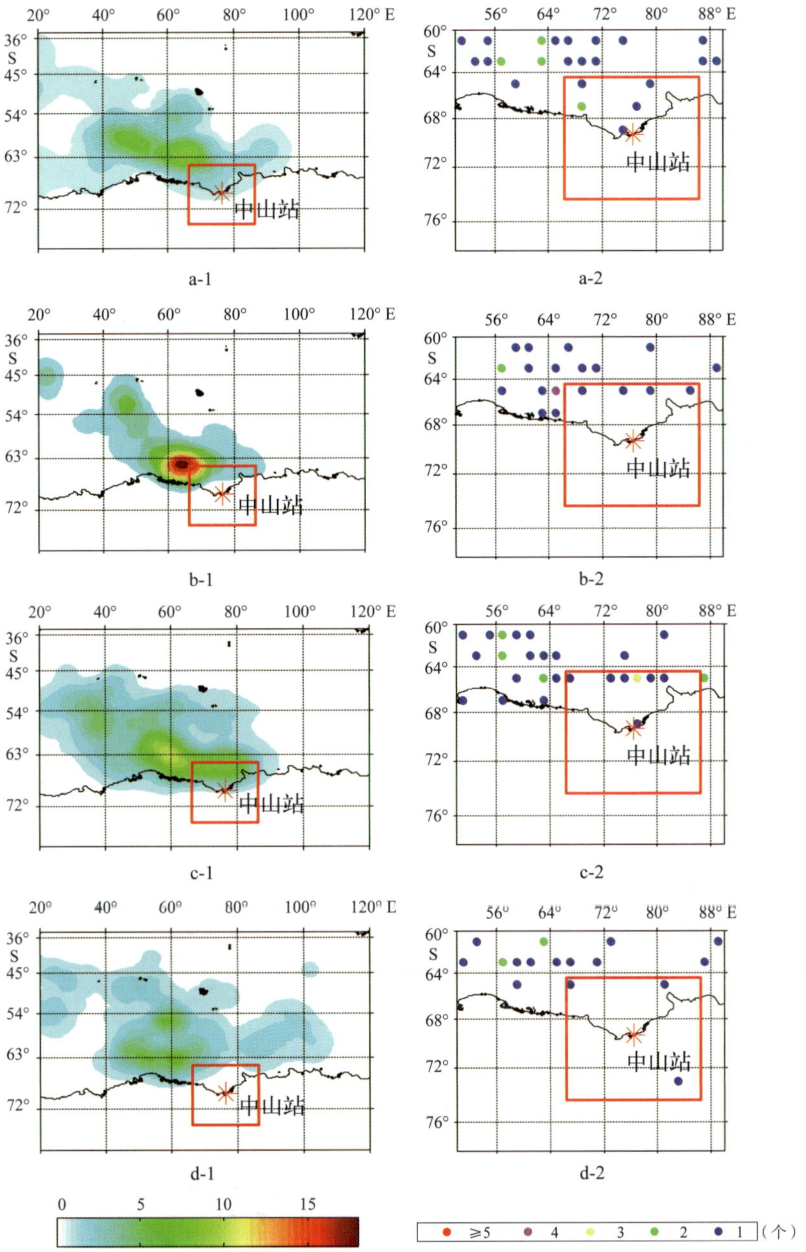

图3-12　中山站统计区域内气旋源地分布（左侧为气旋的源地密度分布，右侧为气旋个数分布）

a. 春季；b. 夏季；c. 秋季；d.冬季

动的纬度集中在70°S以北，主要位于普里兹湾西北方向的南印度洋。图3-13表明，在南极边缘海及大陆沿岸有大量气旋消亡，这是由西南极高原吹向海洋的冷空气的填塞作用所导致。中山站的气旋活动有明显的季节变化，图3-14中可以看到，

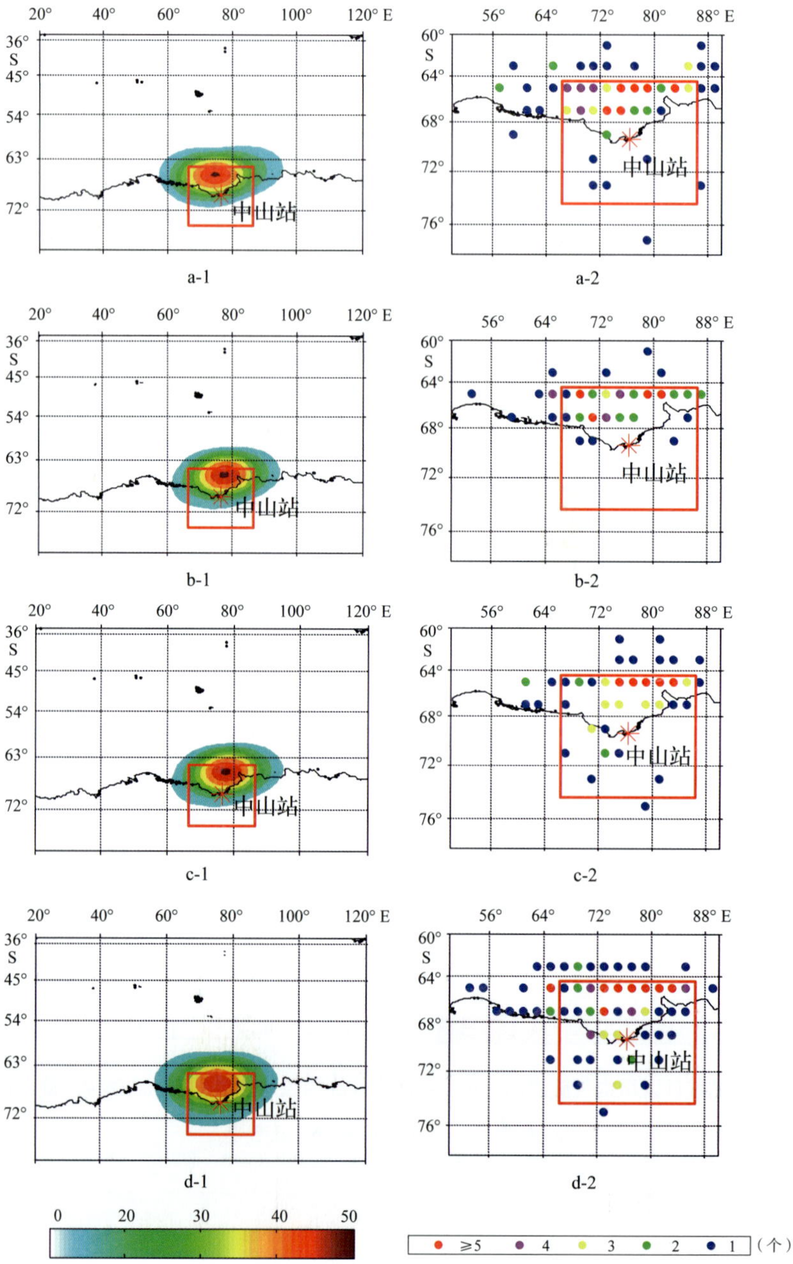

图3-13　中山站统计区域内气旋消亡地分布（左侧为消亡地，右侧为气旋个数）

a. 春季；b. 夏季；c. 秋季；d.冬季

春季和冬季气旋活动频繁，尤其是冬季有更多气旋进入内陆。从图 3-15 中爆发性气旋的统计可以看出，中山站统计区域也可以出现爆发性发展的气旋，但非常少，并且主要在站区的西北方向爆发性增长。

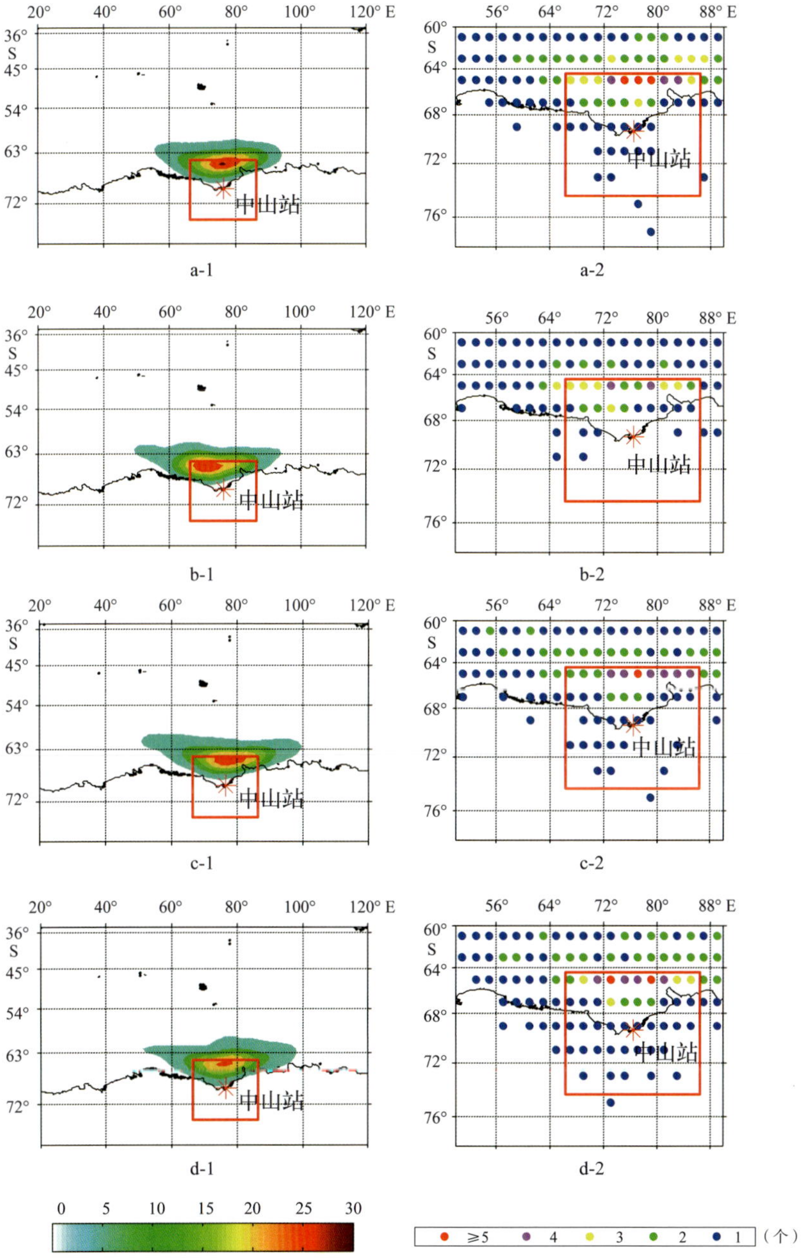

图3-14　中山站统计区域内气旋活动分布（左侧为气旋的活动密度分布，右侧为气旋个数分布）

a. 春季；b. 夏季；c. 秋季；d.冬季

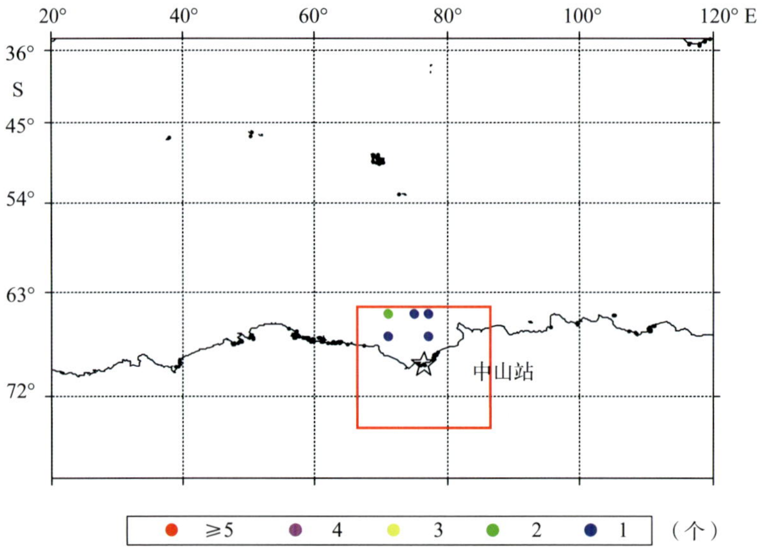

图3-15　中山站气旋爆发性位置分布

3.4.2　长城站气旋的统计特征

（一）长城站气旋的基本气候特征

长城站位于南极半岛北侧的乔治王岛（King George Island），属于典型的亚南极海洋性气候，降水量和相对湿度都较中山站大，常年盛行西北风。该站附近气旋十分活跃，气旋的活动直接或间接导致了大风天气，并且也导致了相对活跃的天气变化（杨清华等，2007）。

长城站统计区域内的气旋基本气候统计特征见表 3-4。由于该区域位于南极半岛的北端，是气旋活动的高密度区，气旋数量明显较中山站多。统计表明，进入到该统计区域的气旋总数为 2 756 个，年平均 78.7 个，是中山站的 5 ~ 6 倍，个数上各季节分布比较平均，为 18 ~ 20 个之间。这些气旋的生命史平均为 4.9 d，最长可达 26 d。气旋的最低中心气压值可达到 924 hPa，出现在冬季。统计区域内爆发性气旋的数量具有明显的季节差异，冬、春季节明显多于夏、秋季节。四个季节的平均加深率为 0.26 ~ 0.32 hPa/h，最大加深率为 1.58 ~ 2.53 hPa/h，各季节均有爆发性气旋出现，最大加深率可达 2.53 hPa/h。

表 3-4　中国南极长城站统计区域内气旋基本信息统计量

统计量	春季（9—11 月）	夏季（12 月至次年 2 月）	秋季（3—5 月）	冬季（6—8 月）	年总数（1—12 月）
气旋总数（个）（1979—2013 年）	712	647	697	657	2756
平均数（个）	20.3	18.5	19.9	18.8	78.7
气旋数最大值（个） 最大值出现年份	27 1981 年	29 1999 年	27 1982 年	28 1986 年、2013 年	94 2013 年
气旋数最小值 最小值出现年份	12 1991 年	12 1994 年、2002 年	12 1994 年	7 2006 年	59 2006 年
中心气压低于 980 hPa 个数所占比例（%）	81.0	70.6	74.0	78.5	73.1
中心气压低于 980 hPa 气旋个数（个）	577	457	516	516	2015
爆发性气旋个数（个）	32	15	16	38	-
气旋最大加深率（hPa/h）；爆发日期；爆发位置	2.53 2012-11-01； 60.6S，67.3°W	1.91 1998-01-27； 61.2S，68.0°W	1.58 2006-04-04； 57.7S，59.2°W	2.20 2012-06-22； 61.38S，68.9°W	-
平均加深率（hPa/h）	0.35	0.26	0.30	0.38	-

（二）长城站气旋的强度

长城站旋强度如图 3-16 所示。长城站统计区域气旋强度夏、秋季节弱，春、冬季节强；最低中心气压值主要集中在 960 ~ 990 hPa 之间，980 hPa 以下的比例各季节的平均达到 73.1%，与中山站相比偏弱。

续表

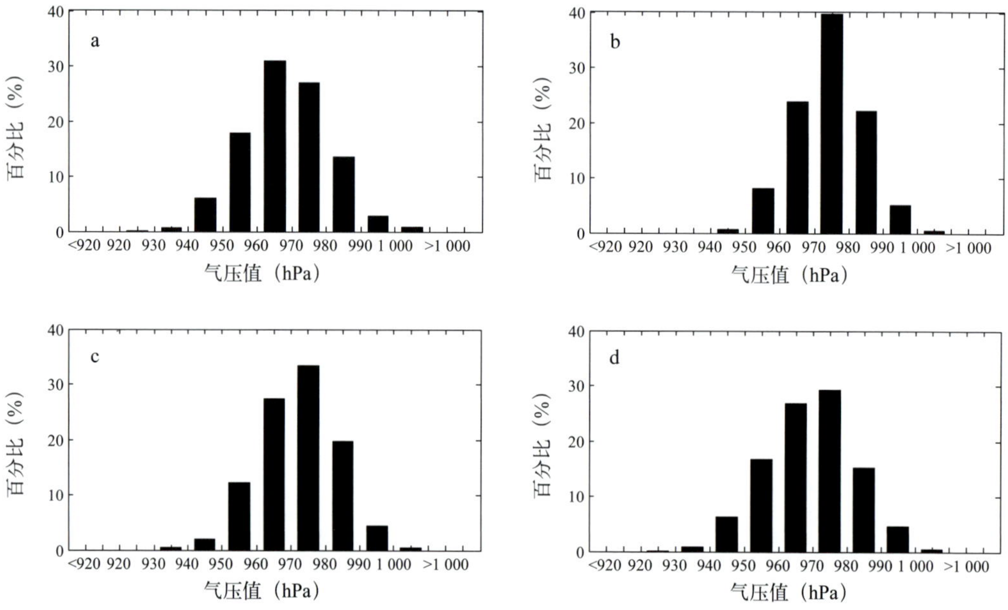

图3-16　长城站统计区域内气旋最低气压值分布直方图

a. 春季；b. 夏季；c. 秋季；d.冬季

（三）长城站气旋的活动特征

图 3-17 ~ 图 3-19 是长城站气旋源地、消亡地以及气旋移动中经过的位置的分布图，同样也对进入到长城站统计区域内气旋爆发增长的位置进行了统计（图 3-20）。长城站常年受到气旋活动的影响，季节差异明显较中山站小，夏季气旋活动较其他三个季节偏少。对长城站天气影响较大的气旋主要是那些在站区以西生成，生成后沿着南半球西风带自西向东移动，最后在站区以东消亡的气旋。长城站站区附近的气旋活动有两个高密度中心，一个位于站区的正西方向，并且是主要的密度中心，四个季节都很明显，但是春夏季节的范围和强度较秋冬季节偏大也偏强；另一个位于站区的东—东南方向，春夏季节较秋冬季节明显。由于气旋的频繁活动，并且不同发展阶段的气旋都影响该区域，长城站的天气状况复杂多变，容易出现大风、降雪以及低能见度的天气。统计区域内的爆发性气旋春冬季节多，夏秋季节少，大部分的气旋爆发的位置位于长城站站区西北，如图 3-20。

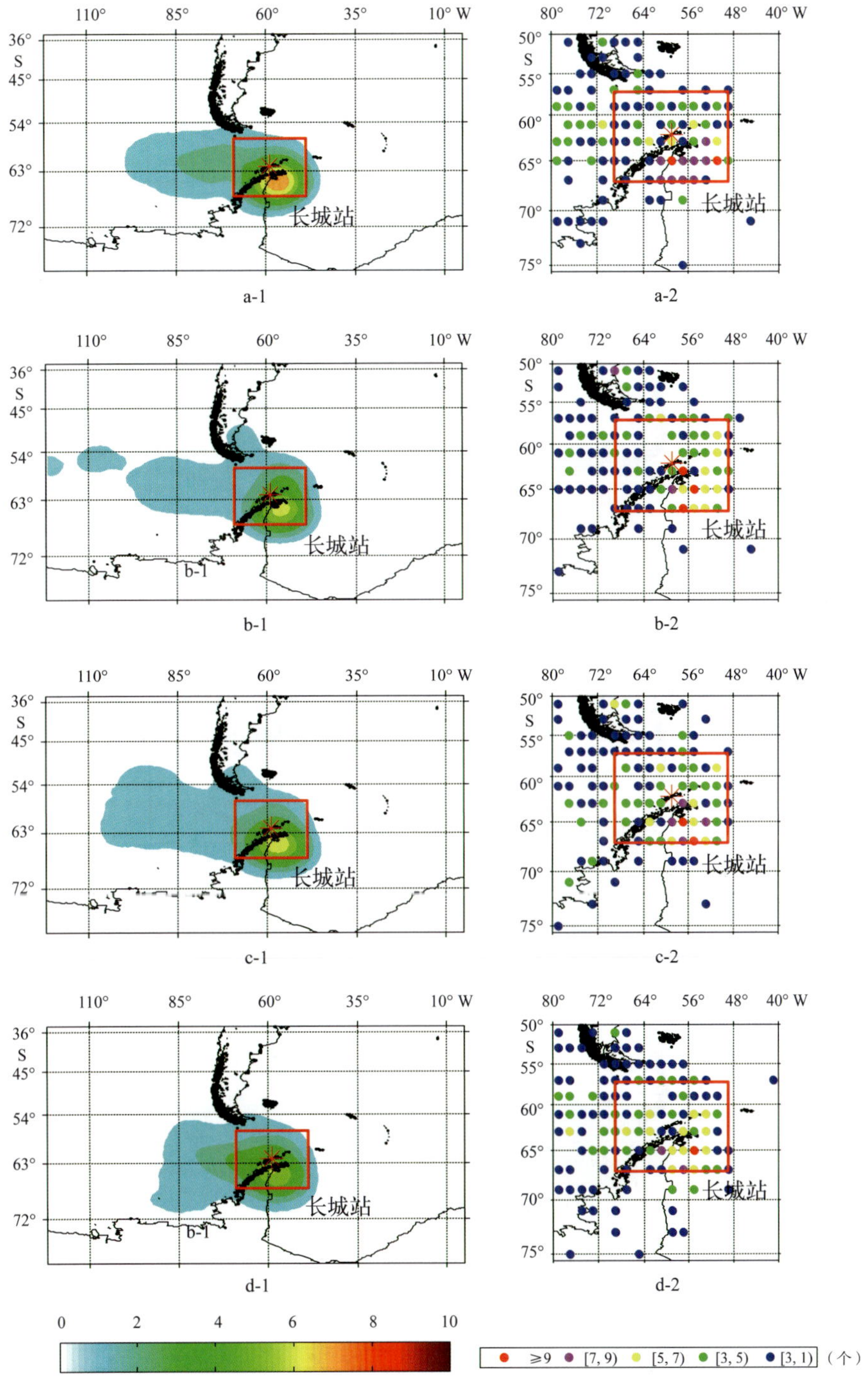

图3-17　长城站统计区域内气旋源地分布（左侧为气旋的源地密度分布，右侧为气旋个数分布）

a. 春季；b. 夏季；c. 秋季；d.冬季

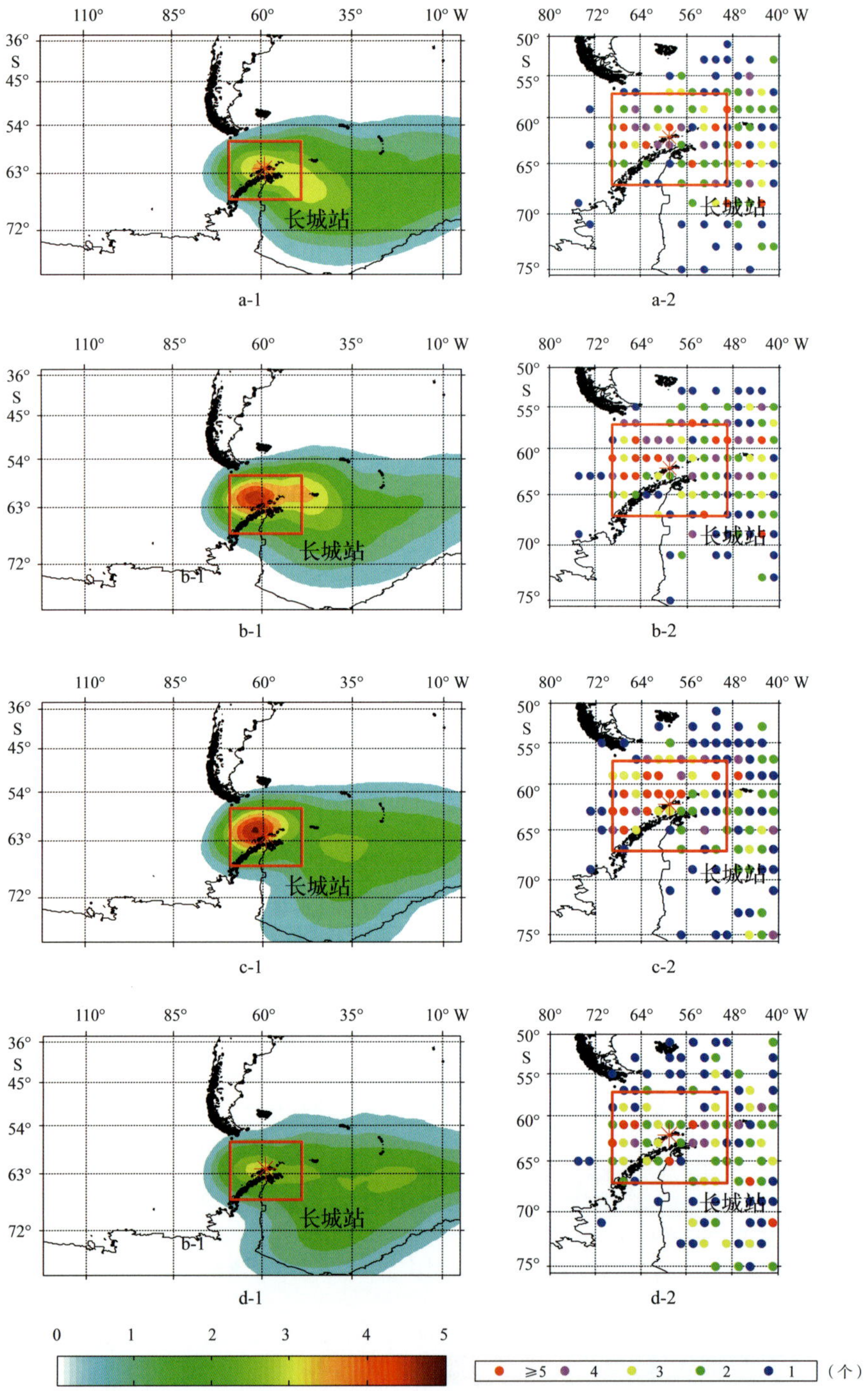

图3-18 长城站统计区域内气旋消亡地分布（左侧为气旋的消亡地密度分布，右侧为气旋个数分布）

a. 春季；b. 夏季；c. 秋季；d.冬季

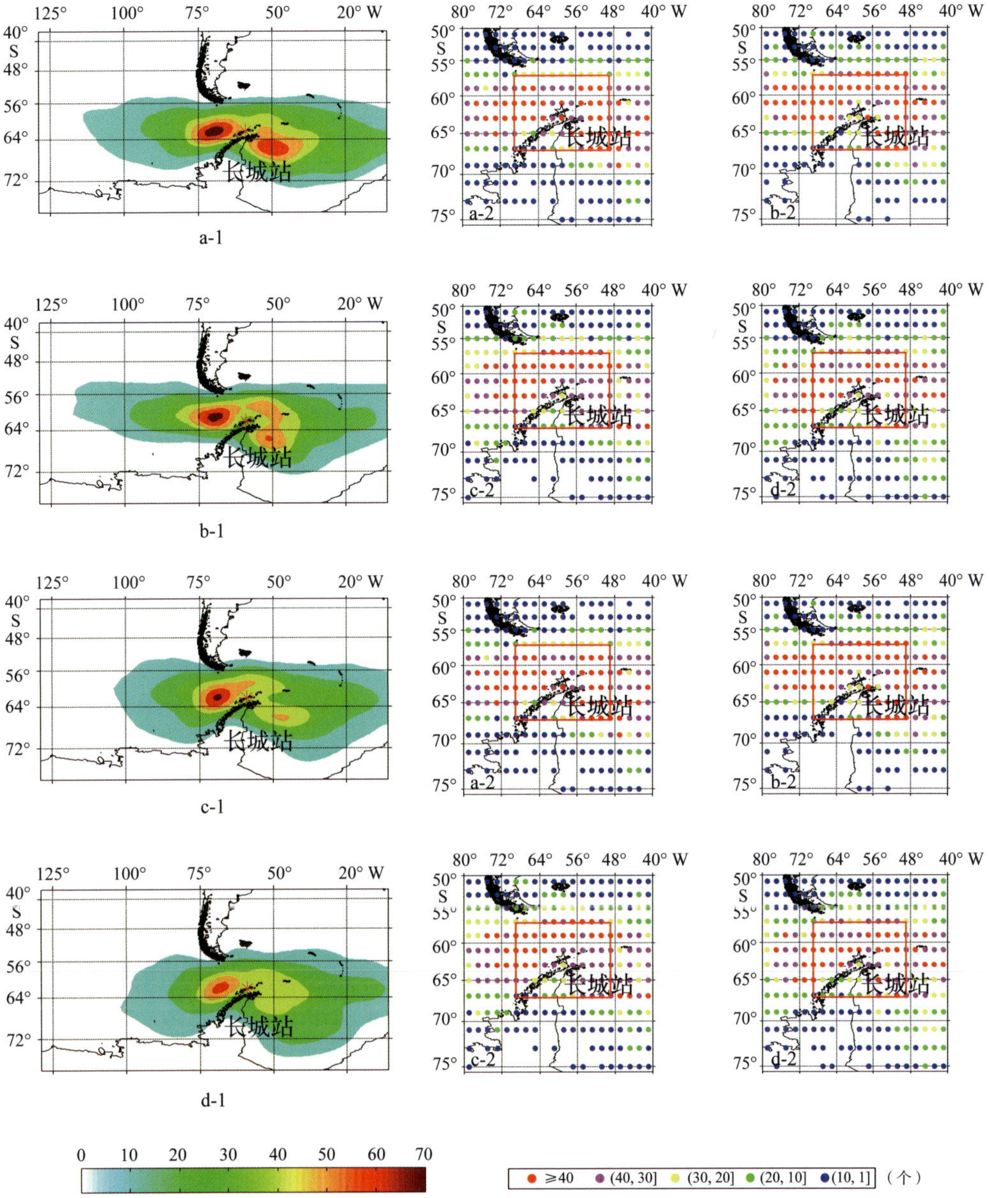

图3-19　长城站统计区域内气旋活动分布（左侧为气旋的活动密度分布，右侧为气旋个数分布）

a. 春季；b. 夏季；c. 秋季；d.冬季

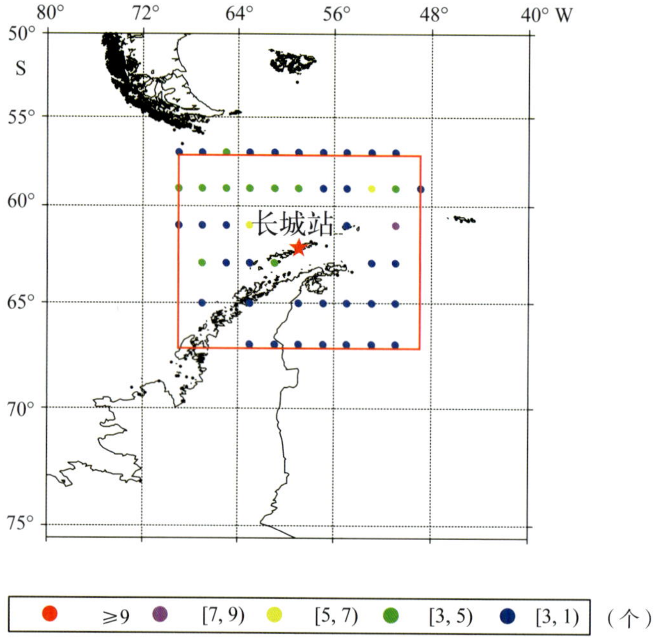

图3-20　长城站气旋爆发性位置分布

3.4.3　泰山站气旋的统计特征

泰山站建成于 2014 年，是目前我国最年轻的在运行南极科考站，其位于中山站与昆仑站之间的伊丽莎白公主地，距离中山站约 520 km，海拔高度约 2 621 m，年平均温度 −36.6℃。泰山站是一座开展内陆考察的度夏站，进一步推动中国南极科学考察从南极大陆边缘地区向南极大陆腹地挺进。虽然统计区域位于内陆，但统计分析发现该区域内也有气旋活动。

（一）泰山站统计区域内气旋的数量与强度

泰山站的气旋统计信息见表 3-5。进入到统计区域内的气旋总数为 42 个，年平均 1.2 个，最低中心气压值可达到 936.5 hPa，同样也出现在冬季。气旋最低中心气压的分布如图 3-21，泰山站的气压分布区间主要位于 950 ~ 990 hPa 之间；生命史平均为 3.9 d，最长可达 14 d；平均加深率为 0.06 hPa/h，最大加深率 0.48 hPa/h，35 年以来，统计区域内没有出现过爆发性发展的气旋。

表 3-5　中国南极泰山站统计区域内气旋基本信息统计

统计量	年总数（1—12 月）
气旋总数（个）	42
平均数（个）	1.2
气压低于 980 hPa 个数比例（%）	81
气压低于 980 hPa 气旋个数（个）	34
爆发性气旋个数（个）	0
最大加深率（hPa/h）	0.48
平均加深率（hPa/h）	0.06

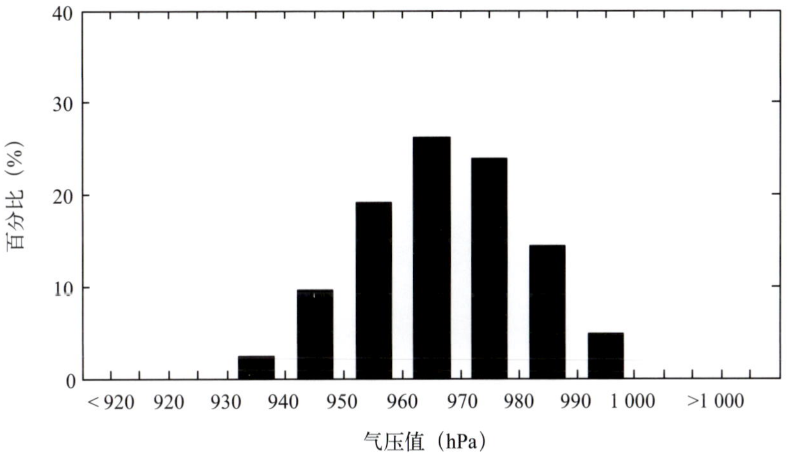

图3-21　泰山城站统计区域内气旋最低气压值分布直方图

（二）泰山站气旋的空间分布

泰山站气旋活动很少，这里给出该站区研究范围内的气旋经过的所有位置点、包括气旋的源地和消亡地（图 3-22）。泰山站位于距离普利兹湾不远的内陆，距离站区最近的气旋活动主要位于该站的北侧，并且主要是气旋消亡地。

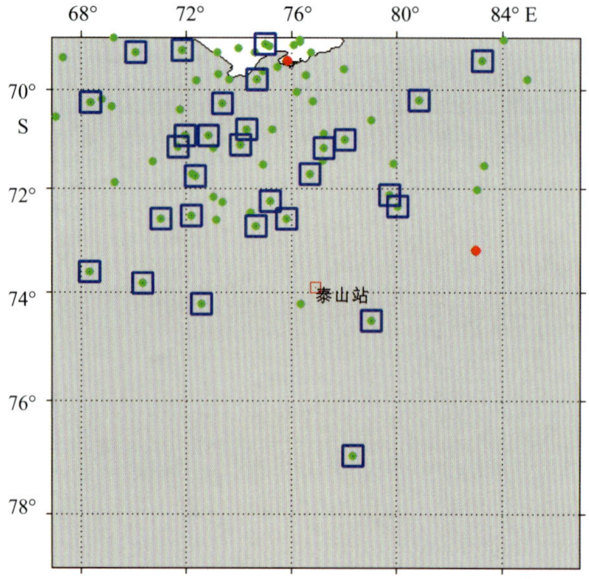

图3-22　泰山站统计区域内气旋活动分布

绿色实心点代表气旋的分布；红色实心点代表气旋的源地；蓝色方框代表气旋消亡地

第 4 章

中国近海气旋

基于1979—2012年共34年的ECMWF逐日4次平均海平面气压的再分析资料，采用英国雷丁大学气旋客观追踪算法，对出现在我国近海的温带气旋（气旋生命史1 d以上，移动距离大于500 km）的时空分布特征进行统计分析。

4.1 中国近海气旋基本气候特征

4.1.1 中国近海气旋数量

（一）气旋个数

表4-1 ~ 表4-3分别给出中国近海北部海区和东部海区温带气旋个数的统计结果，34年里，追踪到进入中国近海的温带气旋总数为1 530个，平均每年有45个，呈现春夏多而秋冬少的特点，并且春季气旋最多，秋季气旋最少。东部海区气旋年平均为27个，春季最多，秋季最少；北部海区年平均为18个，较东部海区少，并且夏季气旋所占比例比春季要多。

表4-1 近海海区气旋统计信息

总海区	春季	夏季	秋季	冬季	总数
总个数（个）	545	412	234	339	1 530
百分比（%）	35.6	27.0	15.4	22.0	
年平均数（个）	16.0	12.1	6.9	10.0	45

表4-2 东部海区气旋统计信息

东部海区	春季	夏季	秋季	冬季	总数
总个数（个）	372	217	123	212	924
百分比（%）	40.2	23.5	13.3	23.0	
年平均数（个）	10.9	6.4	3.6	6.4	27.3

表4-3 北部海区气旋统计信息

北部海区	春季	夏季	秋季	冬季	总数
总个数（个）	173	195	113	116	799
百分比（%）	28.5	32.2	18.3	21.0	
年平均数（个）	5.1	5.7	3.3	3.5	17.6

（二）气旋个数时间序列

采用线性趋势估计对气旋年总数的时间变化趋势进行分析，并检验变化趋势的显著性。图 4-1 中的 a ~ c 分别为北部海区、东部海区和中国近海气旋年总数的线性趋势估计结果，显著水平为 0.05。结果表明，北部海区气旋个数呈显著增加趋势，相关系数 $r = 0.432$ 超过了 $a = 0.05$（0.33）的显著水平。东部海区气旋个数减少，但未达到显著水平，中国近海气旋总体不显著的增加，综上，北部海区气旋的增加导致近海气旋的整体增加，中国近海气旋路径分布有北移的趋势。

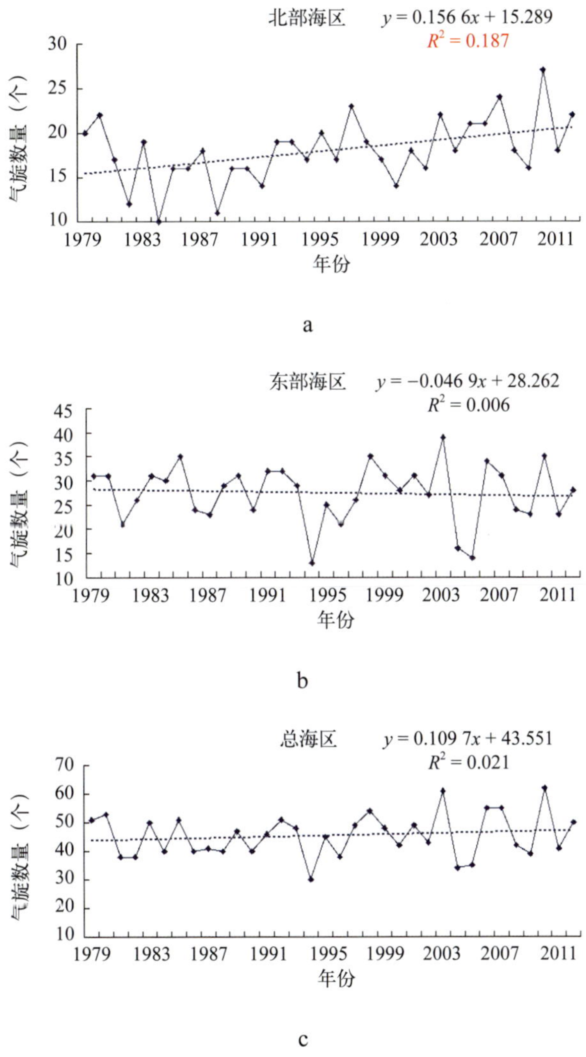

图4-1　气旋年总数线性变化趋势

a. 北部海区；b. 东部海区；c. 中国近海

4.1.2 中国近海气旋空间分布

对移动过程中出现在中国近海的温带气旋源地进行统计，根据源地可分为四类，分别为蒙古气旋、黄河气旋、江淮气旋和东海气旋。针对这四类气旋源地分别计算了气旋的路径密度，结果如下：

（1）蒙古气旋，生成于蒙古人民共和国和我国的内蒙古，气旋生成后先向东南移动再转向东北，途经渤海，主要影响我国的北部海区（渤海和黄海北部）。

（2）黄河气旋，生成于我国河套附近或黄河下游，向东或东北移动，经过我国渤海或黄海北部，转向东北，经朝鲜半岛进入日本海。

（3）江淮气旋，生成于淮河流域和长江中下游，东移进入黄海南部或东海，入海后向东北方向移动，主要影响我国东部海区（黄海南部和东海）。

（4）东海气旋，生成于东海，向东北方向移动，主要影响我国东部海区。

结合表 4-4 得出中国近海气旋活动主要特征。春季以江淮气旋和东海气旋为主，占春季总气旋比例分别为 37.8% 和 30.2%，黄河气旋次之为 18.9%，蒙古气旋最少，为 13.1%；夏季江淮地区成为主要的气旋源地，比例为 52.1%，黄河气旋比例也增加为 28.5%，东海气旋的比例为 17.6%，蒙古气旋降到最低仅 2%；秋季江淮气旋为 32.3%，黄河气旋 27.3%，东海气旋 24.1%，蒙古气旋 16.3%；冬季情况与春季较为相似，江淮气旋以 33.3% 和东海气旋 29.1% 居前，黄河气旋占 22.4%，蒙古气旋 15.2%。由此可见，江淮气旋是影响我国近海的主要气旋，东海气旋与黄河气旋次之，蒙古气旋最少。

表 4-4 四类气旋个数占近海温带气旋的比例

	春季	夏季	秋季	冬季
江淮气旋（%）	37.8	52.1	32.3	33.3
黄河气旋（%）	18.9	28.5	27.3	22.4
东海气旋（%）	30.2	17.6	24.1	29.1
蒙古气旋（%）	13.1	1.8	16.3	15.2

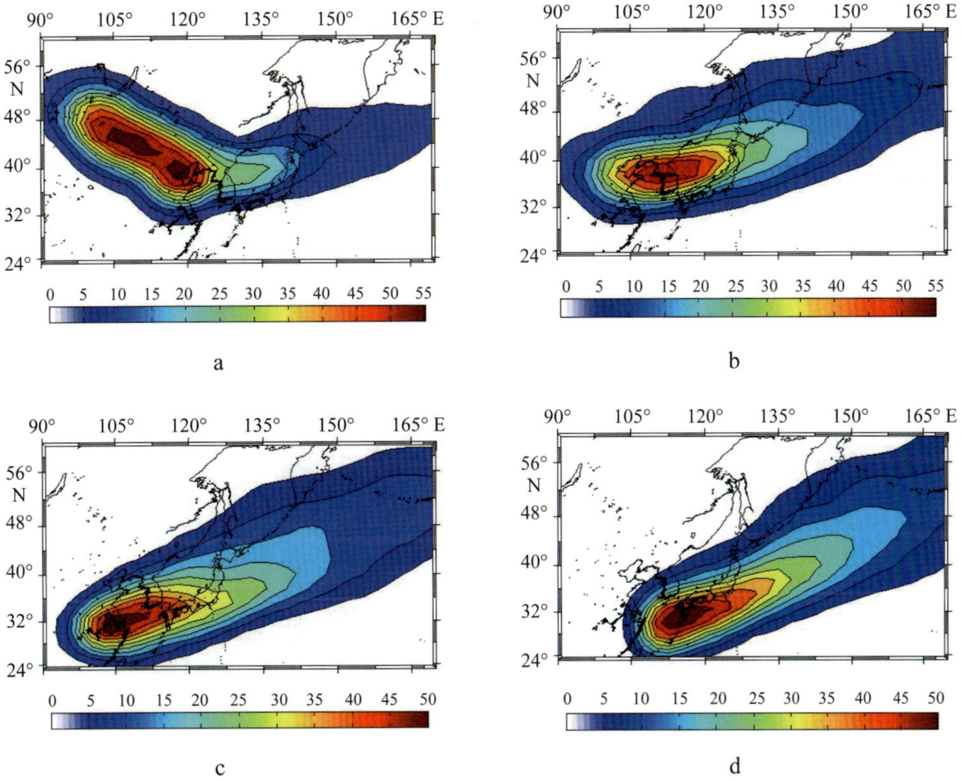

图4-2　四类气旋路径密度

a. 蒙古气旋；b. 黄河气旋；c. 江淮气旋；d. 东海气旋

4.2　中国近海气旋强度及爆发性气旋

4.2.1　中国近海气旋强度

提取每个气旋由生成到消亡过程中中心气压的最低值，对中国近海不同季节气旋强度进行统计。图 4-3 的统计结果表明，春季气旋中心气压均高于 940 hPa，分布较平均，其中 970 ~ 980 hPa 的气旋占到 20%，高于其他季节；夏季气旋中心气压偏弱，均高于 970 hPa，其中有 56% 分布在 990 ~ 1 000 hPa 之间；秋季气旋中心气压也均高于 940 hPa，与春季相似，但弱气旋偏多，气压高于 990 hPa 的占 58%；冬季气旋最强，可达 920 hPa，但仅有 1% 的气旋可达到 920 ~ 930 hPa，气压高于 950 hPa 的气旋在每个区间的分布比例比较接近，均在 10% ~ 20% 之间。

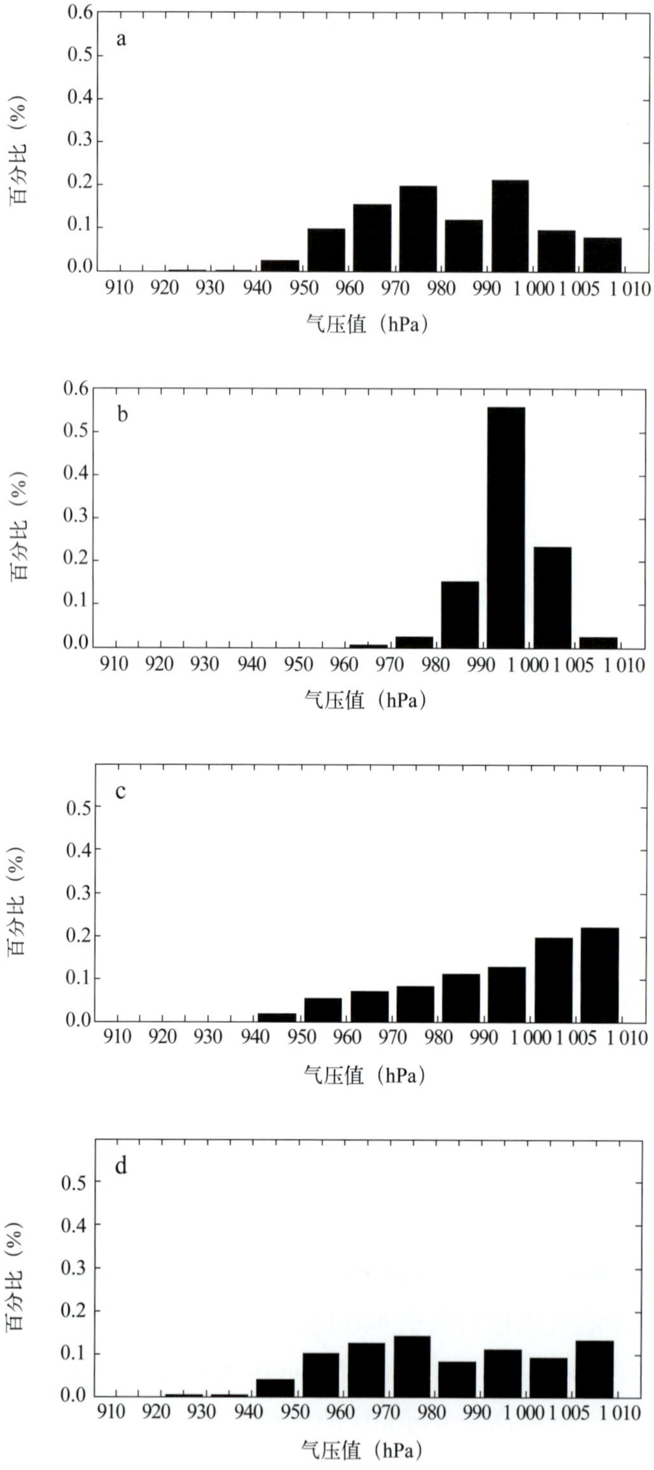

图4-3　气旋中心最低气压值分布直方图

a. 春季；b. 夏季；c. 秋季；d. 冬季

4.2.2　中国近海爆发性气旋

（一）爆发性气旋个数以及源地

表 4-5 为 1978—2012 年影响中国近海并达到爆发性增长的气旋个数统计表，以 130°E 以东海区作为远海，130°E 以西作为近海，分别统计气旋在陆地、近海以及远海爆发性增长的个数以及比例。结果表明，进入我国近海的气旋，有超过 29% 可以爆发性增长，有些发生在陆地、有些在近海、大部分在远海。爆发性气旋总数春季最多，占年总数的 40.2%，冬季次之，为 36.2%。夏季、秋季较少，均低于 15%。其中，海上爆发性增长的比例为陆地的 2 ~ 3 倍，并且主要在远海爆发，根据不同的季节，比例为近海的 2 ~ 4 倍不等。

表 4-5　1978—2012 年中国近海爆发性气旋统计信息

统计量	春季	夏季	秋季	冬季
爆发性气旋总个数（个）	448			
占总气旋比例（%）	29.2			
爆发性气旋总数（个）/ 年平均（个）	180 / 5.3	48/1.3	58/1.7	162/4.9
陆地爆发气旋总数（个）/ 平均值（个）	40/1.2	12/0.4	20/0.6	54/1.6
海上爆发气旋总数（个）/ 平均值（个）	140/4.1	36/1.1	38/1.1	108/3.3
近海 / 远海爆发比例	22.1/77.9	13.9/86.1	23.6/76.4	32.4/67.6

（二）爆发性气旋源地

图 4-4 和图 4-5 分别给出了爆发性气旋生成源地的密度分布（每 2.5°×2.5° 内气旋个数）以及气旋爆发性增长的位置的密度分布，得到以下几个结论：

（1）我国江淮地区和东海是爆发性气旋的主要源地，其次是黄河，仅有极少量来自蒙古的气旋能够入海后爆发性增长。

（2）远海爆发性增长的气旋是近海的 2 ~ 4 倍，从图 4-5 中可以看到，主要的气旋爆发性增长区域位于日本以东洋面以及朝鲜半岛及其以东洋面，而这两个区域分别是黑潮暖流流经区域，以及对马暖流进入对马海峡后形成的东朝鲜暖流区，流经该区域的暖流有助于大气的下垫面升温，大气的斜压性增强，为气旋的爆发性增长提供条件。

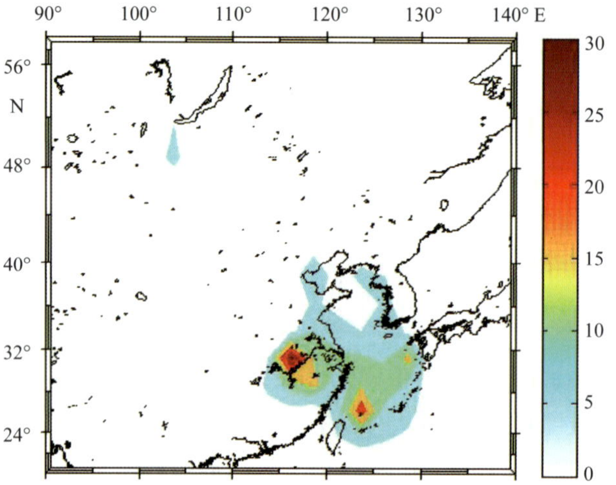

图4-4　1979—2012年爆发性气旋生成源地密度分布

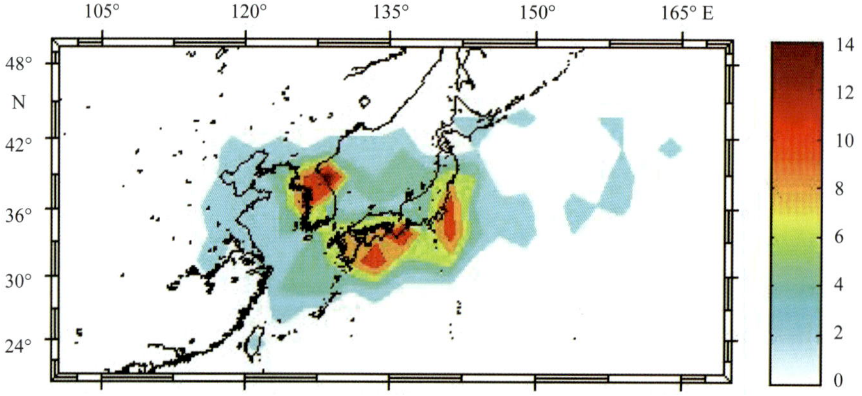

图4-5　1979—2012年气旋爆发性增长位置密度分布

丁一汇等（2005）指出温带气旋爆发性发展的原因很复杂，是动力因子与热力因子共同作用的结果，这些条件中涡度平流和温度平流是启动因子，暖平流引起上升运动，引发潜热释放形成低压槽，使得低层扰动区潜热进一步释放造成气旋的发展，海洋为潜热释放提供大量水汽，支持气旋的爆发性增长；同时气旋发展也受到下垫面影响，海上的摩擦比陆面小，这也有利于爆发性气旋在海上发展。已有的研究指出，爆发性气旋的发展与大尺度的大气条件有关，所以在时间和空间上有密集性。这些大气条件大都与高空槽密切相关，春季高空槽活动最为频繁，因此爆发性气旋的活动也相对频繁；我国近海的高空槽随季节变化会发生位置移动，影响着近海爆发性气旋发生的时空分布。

第5章

北大西洋气旋

利用气旋自动追踪算法，计算了北大西洋区域 1979—2016 年逐季节气旋的个数、强度、空间分布以及爆发性发展等气候特征。统计的区域如图 5-1。

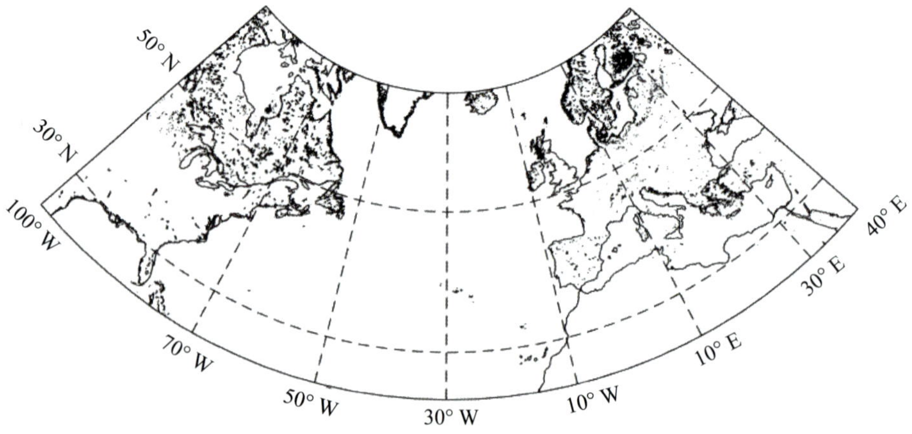

图5-1　北大西洋气旋统计区域

5.1　北大西洋气旋基本气候特征

表 5-1 统计了各季节气旋的数量和强度的基本情况。结果表明，各季节北大西洋气旋的平均个数达到 140 ~ 150 个，各季节之间差异不明显，春季气旋个数最多，平均个数达到 147.2 个，夏季次之，达到 145.5 个，冬季最少，为 140.9 个。在统计的时间段内，1979 年夏季气旋最多，达到 166 个，各季节最少的气旋数也超过 120 个。另一方面，为了反映该区域受气旋破坏性影响的频率，对强气旋数量进行统计，冬季北大西洋统计区域里的气旋个数虽然少于其他季节，但是其平均的强度在各个季节中居首，曾经出现过最低中心气压达到 912.8 hPa 的气旋，该强度堪比热带气旋中的超强台风，其给海上造成的灾害性影响不容小觑，并且该季节内爆发性气旋的比例占总气旋比例高达 42.8%，中心气压低于 980 hPa 的比例也高达 33%。四个季节中，夏季的气旋强度最弱，38 年中，最强的气旋中心气压为 958.1 hPa，爆发性气旋所占比例为 5.2%，980 hPa 以下的气旋比例仅为 3.6%，与冬季强度相差较大。秋季和春季都是气旋强度转变的季节，秋季强度仅次于冬

季，爆发性气旋以及强气旋所占比例都略强于春季。自南向北由北大西洋进入北极地区的气旋对北极的天气、气候造成影响，特别是会为北极输送大量的水汽与热量，其伴随的大风是极区的海冰漂移和堆积的动力作用。文中统计了北大西洋进入极区的气旋的比例，除夏季外其他三个季节均达到 19% 以上，夏季的比例也达到 16.8%，由此可见，有将近 1/5 的大西洋气旋会进入极区。

表 5–1　北大西洋气旋基本信息

统计量	春季	夏季	秋季	冬季
总数（个）（1979—2016）	5593	5530	5385	5213
平均数（个）	147.2	145.5	141.7	140.9
最大值（个）	160	166	155	155
最大值年份	2013	1979	1995	1999
最小值（个）	126	123	122	124
最小值年份	1999	1984	1996	2015
气旋平均个数标准差	7.2	9.2	7.2	7.3
最低中心气压（hPa）	927.0	958.5	925.1	912.8
爆发性气旋总数（个）（1979—2016）	1390	605	1420	2230
爆发性气旋占比（%）	24.9	10.9	26.4	42.8
气压低于 980 hPa 气旋占比（%）	14.3	3.6	22.7	33
进入极区的气旋总数（个）（1979—2016）	1 069	929	1 077	1 009
进入极区的气旋占比（%）	19.1	16.8	20.0	19.4

图 5–2 为各季节的气旋个数时间序列，图中红色虚线是时间序列的线性变化趋势。由图可知，各季气旋均有明显的年际变化。春季、秋季以及冬季气旋的个数都呈现增长趋势，但都未达到显著水平，夏季的变化趋势不明显。气旋总数呈现不显著的增长趋势。

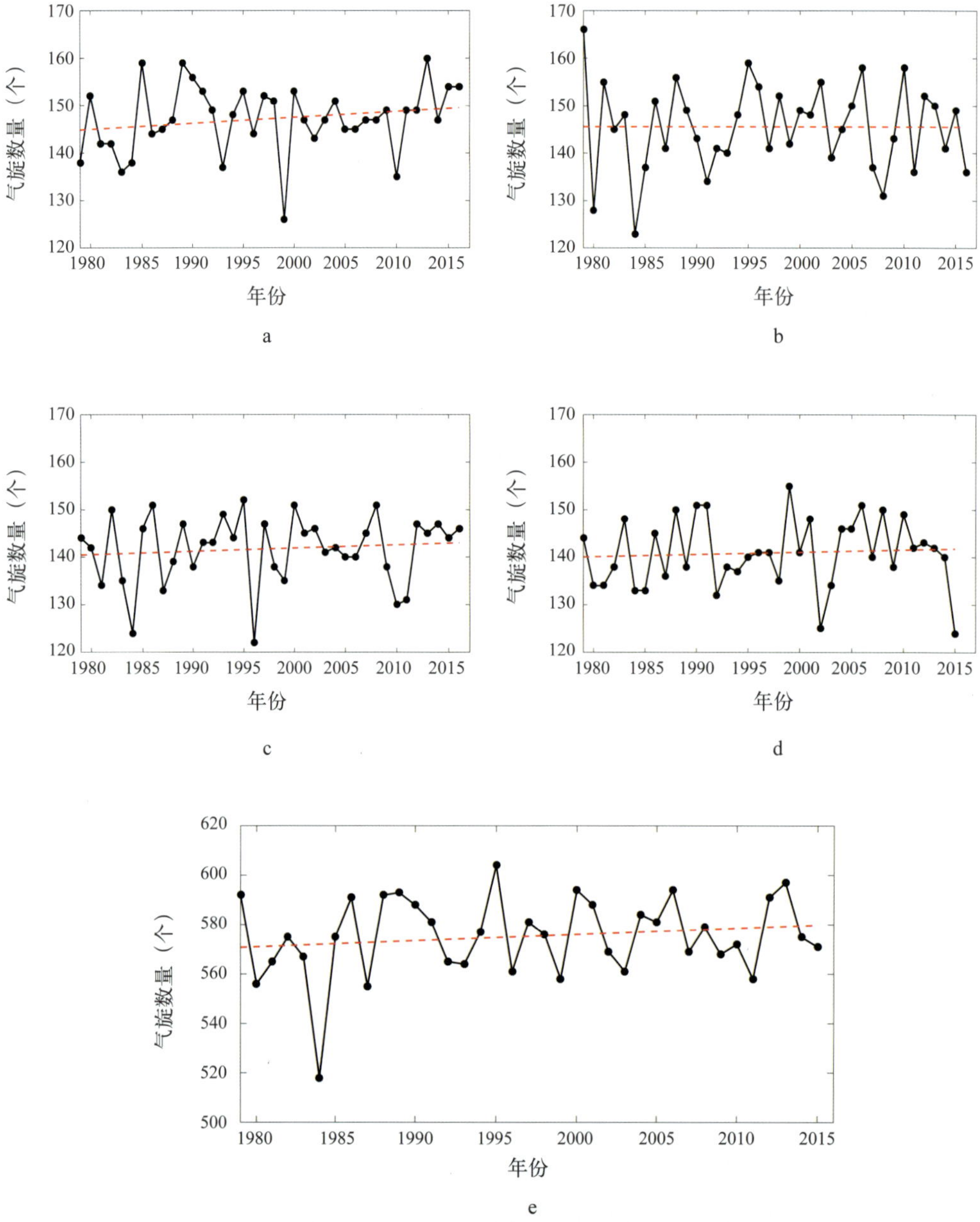

图5-2　北大西洋各季节气旋数量的时间序列

a. 春季；b. 夏季；c. 秋季；d. 冬季；e. 逐年

5.2　北大西洋气旋活动特征

5.2.1　气旋密度的空间分布

图 5-3 与图 5-4 分别是统计区域气旋的源地密度以及路径密度。从气旋的源地分布图可知，气旋的生成主要位于近岸，大洋的中部较少有气旋生成，其主要的生成地包括北大西洋西海岸，即北美的东南沿海，大致位于 35°—45°N，70°—80°W 区域；北大西洋东海岸，尤其是欧洲的西南沿岸的 25°—30°N，0°—10°E 范围内在春季、夏季和秋季三个季节都出现了气旋密度高值区；还有一个较为明显的气旋生成源地位于格陵兰岛的东南沿岸，该区域除夏季外的其他三个季节都存在明显的密度高值；另外，夏季北美大陆的东岸 50°N 附近区域也有一个气旋的高密度生成区。气旋生成以后的移动路径可以通过图 5-4 判断，主要的路径位于大西洋的西北象限，四个季节该路径的密度高值区都非常明显，这条高密度带的存在主要是因为在北美东海岸生成的气旋受西风带的影响，生成以后以西南—东北路径向大西洋中高纬度的海域移动。在欧洲西南部沿岸生成的气旋受西风环流引导，主要移向地中海和欧洲大陆。

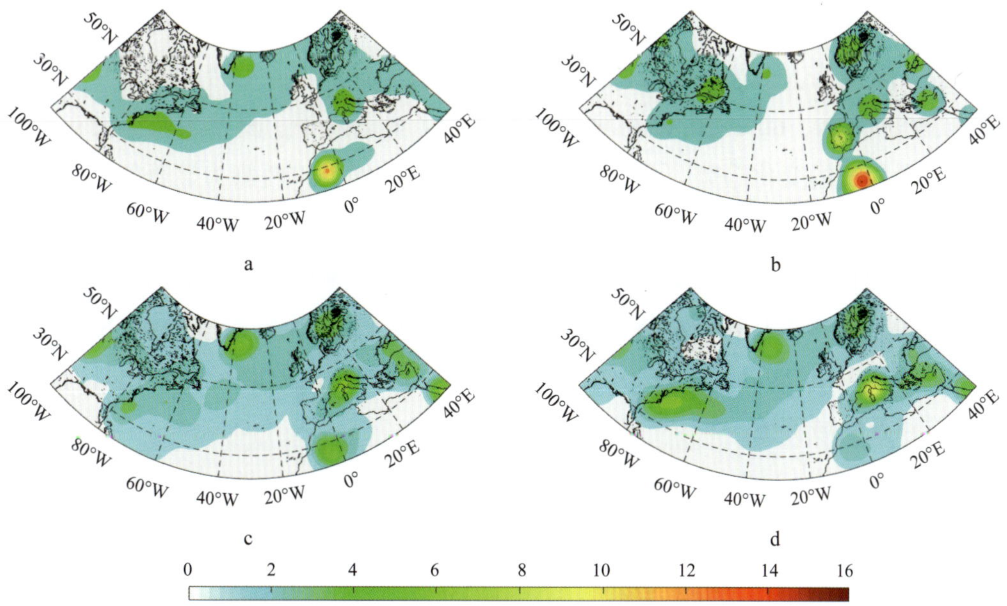

图5-3　北大西洋气旋源地密度

a. 春季；b. 夏季；c. 秋季；d.冬季

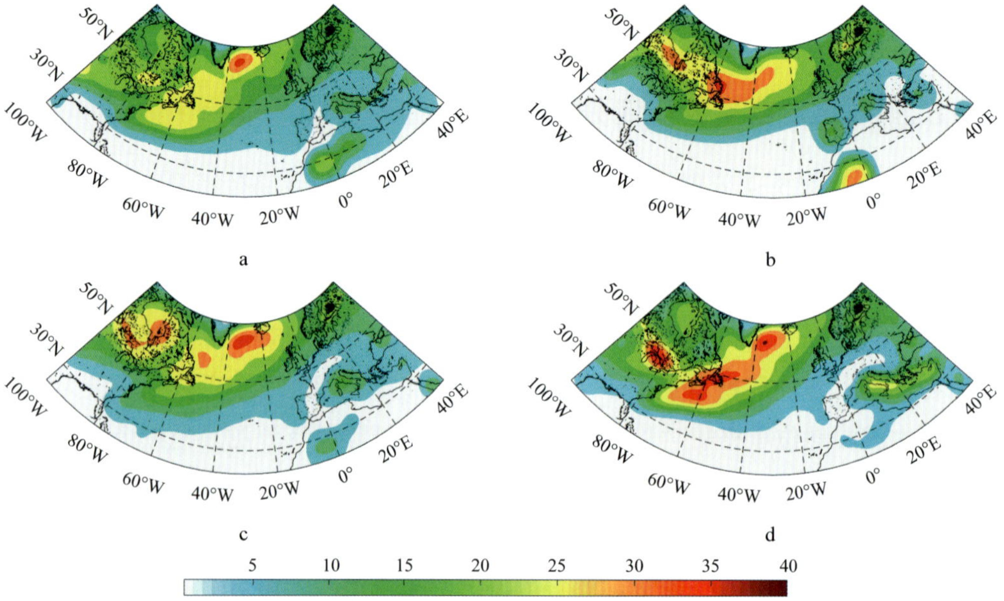

图5-4　北大西洋气旋路径密度

a. 春季；b. 夏季；c. 秋季；d.冬季

5.2.2　气旋路径的变化趋势

统计 1979—2016 年以来气旋路径密度的变化趋势，由图 5-5 可知，春季气旋的路径密度在大西洋大部分区域都呈现出比较明显的增长趋势，并且在中高纬度的 30°—60°N，60°—20°W 海域的增长达到了显著水平。夏季大西洋的东西两侧表现出相反的变化趋势，大洋的东侧表现显著的增长，西侧为显著的下降。秋季的气旋密度纬向和经向差异明显，大西洋的西侧北美大陆沿岸，40°N 以南主要表现为增长趋势，40°N 以北表现为减少的趋势；东侧的欧洲大陆沿岸趋势与前者正好相反。冬季与秋季相比有相反的变化趋势，北美大陆沿岸的 40°N 以南气旋活动减少，40°N 以北表现为气旋活动增加。因此，气旋路径的变化具有明显的季节以及区域特征。

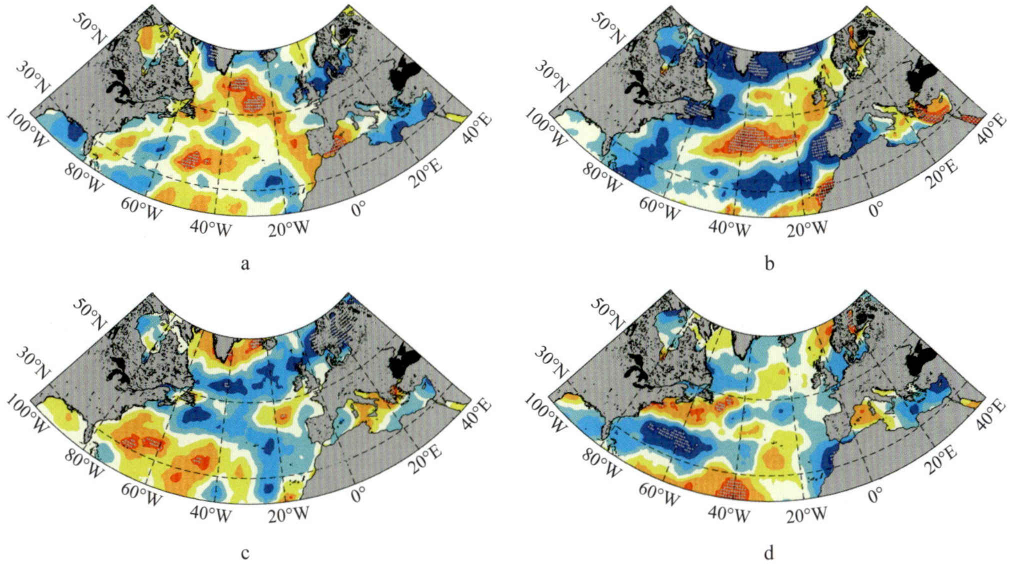

图5-5　北大西洋气旋路径密度变化趋势

a. 春季；b. 夏季；c. 秋季；d.冬季

基于气旋的路径密度，进一步计算 1986—2016 年共 30 年各季节气旋气候平均路径，以及每 10 年的平均路径，结果如图 5-6 中所示。从平均路径还可以发现，气旋进入大西洋以后，各季节的路径都表现为西南—东北的走向，春季和冬季的平均路径比较夏季和秋季的平均路径的倾斜角度更大，气旋活动最为频繁的区域集中在 50°—60°N 之间，这与大西洋的风暴轴的位置相对应。通过与 30 年的气候平均对比发现，1986—1995 年 10 年的气旋平均路径（蓝线）与气候态（黑线）在各个季节路径都比较一致。1996—2005 年的平均路径（黄线）与气候平均态相比在春、秋两个季节位于大西洋区域内的气旋路径比气候平均偏南；冬、夏季节的路径则与气候平均比较一致。2006—2015 的平均路径（红色），春季和秋季较气候平均有向极偏移趋势，尤其是位于高纬度的格陵兰岛以东，其平均的路径更加偏北；夏季气旋在大西洋上的平均路径有向南偏移的趋势；相比其他三个季节，冬季的路径变化不大。

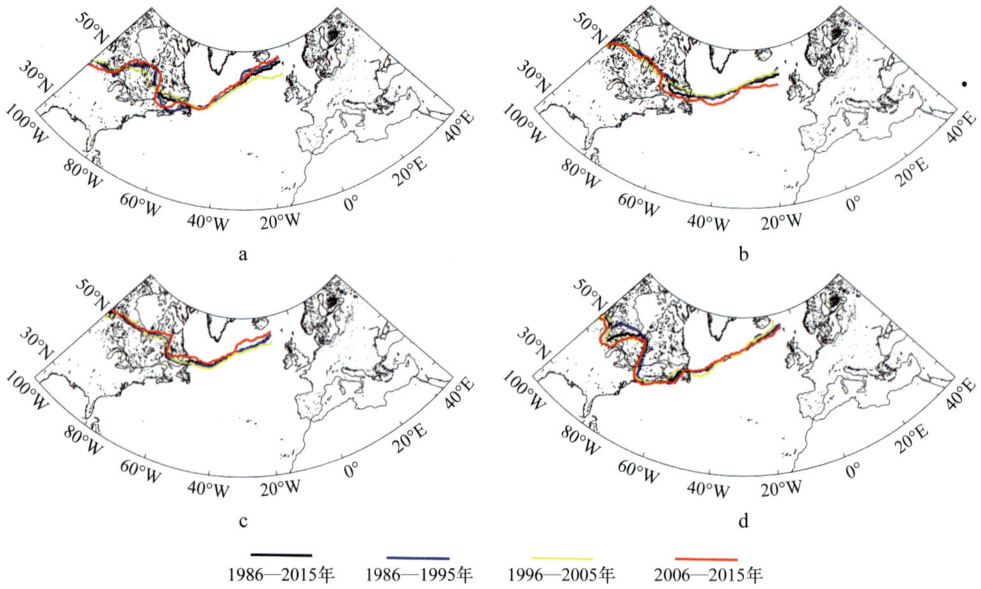

图5-6 北大西洋气旋平均路径分布

a. 春季；b. 夏季；c. 秋季；d. 冬季。其中黑线：1986—2015年平均路径；蓝线：1986—1995年平均路径；黄线：1996—2005年平均路径；红线：2006—2015年平均路径

5.2.3 北大西洋气旋跨极通道

前文的统计已表明，北大西洋气旋有近 1/5 能够进入北冰洋，气旋进入北极所经区域会造成明显的降水以及大风，对极区的大气、海洋以及海冰都造成直接的影响，这部分气旋也是中高纬度与极区进行热量以及水汽交换的重要的载体。文中统计 100°W—40°E 范围每 20° 经度间隔区间里气旋进入极区的比例。通过该统计，可以掌握气旋对北极地区影响的关键区，结果如图 5-7 所示。四个季节中气旋进入极区的关键区域位于 20°W—20°E，包含了格陵兰海海域，所占比例各季节几乎都达到了 20% 以上。格陵兰岛以及 100°W—80°W 巴芬岛以西的一部分群岛附近亦有少量气旋进入极区。因此，北大西洋气旋进入极区的路径较集中，平均的路径图也反映这一特征。

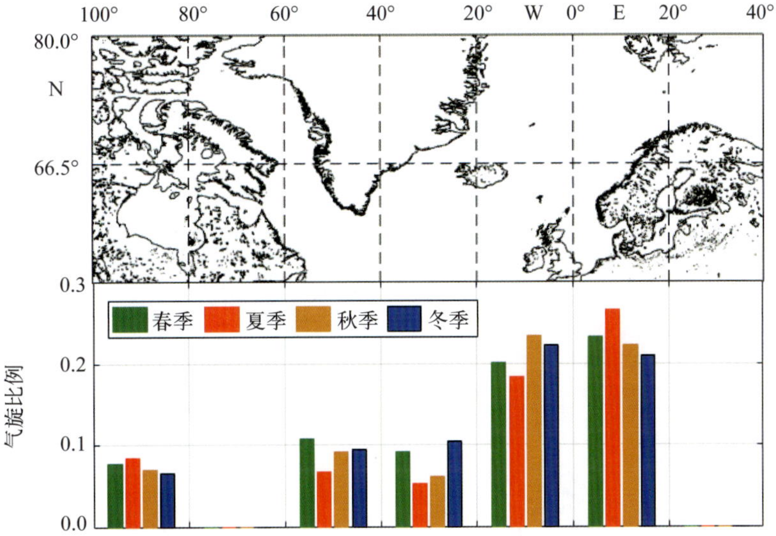

图5-7　大西洋气旋进入北极极区的比例分布

5.3　北大西洋爆发性气旋的特征

5.3.1　气旋爆发位置的空间分布

对大西洋温带气旋爆发性增长的位置进行统计，结果如图 5-8 所示。统计采用单位网格 5° × 5°，彩色的实心点代表落入该网格范围内的气旋个数。结果表明：北大西洋气旋爆发性增长的位置集中分布在北大西洋的西海岸，特别是紧邻北美洲东南沿岸，四个季节中都明显的多于其他的区域；相比而言，欧洲西侧的北大西洋东海岸气旋的爆发性增长少，爆发性增长位置多集中在沿岸附近的海域；北大西洋中部部分海域亦出现气旋的爆发性的增长。气旋爆发性发展的纬度集中于 30°N—50°N 的范围，50°N 以北仅格陵兰岛的东南侧存在爆发性增长的气旋。气旋的爆发性增长冬季最频繁，夏季最弱，春季北美沿岸的爆发性气旋的频次略高于秋季。北大西洋的爆发性气旋集中分布在大西洋西岸的特征主要受到海洋和大气的共同作用。一方面，是因为墨西哥湾暖流，该暖流起源于墨西哥湾，经过佛罗里达海峡沿着美国的东部海域与加拿大纽芬兰省向北，暖流经过所提供的潜热以及感热能量的支持，降低了该区域大气的稳定度，有利于气旋的爆发性增长；除了海洋的热力因素，大气的动力因素也不容忽视，通常高空西风槽前的正涡度平流有利于气旋的发展，北大西洋的西海岸正好位于北美大槽前部，因此该区域的气旋爆发性发展还受到大气环流的涡度平流的支撑。海洋与大气的共同作用，使得北大西洋的西海岸成为气旋爆发性增长的主要区域。

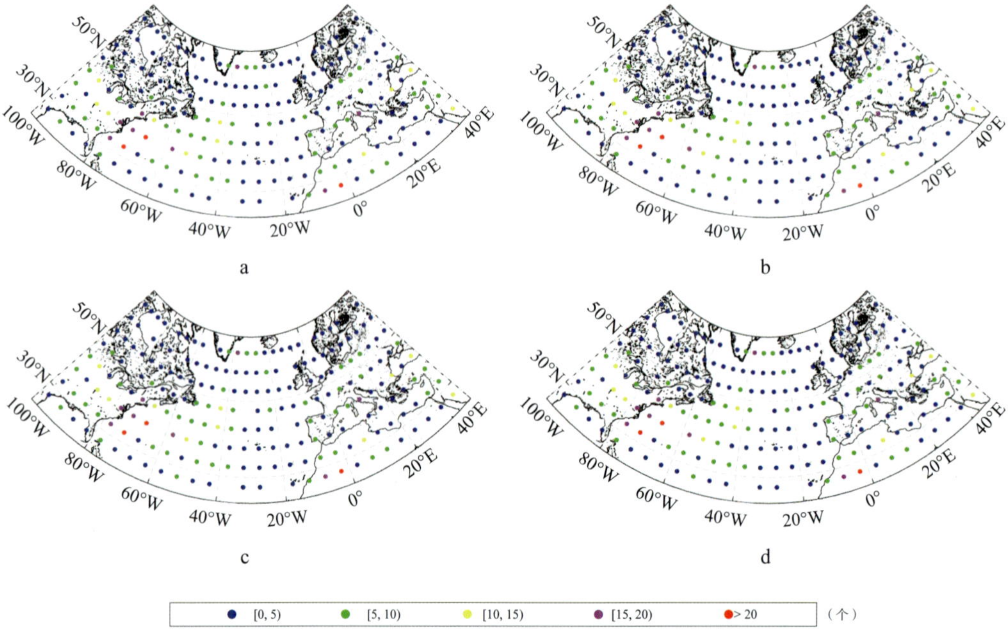

图5-8 北大西洋气旋爆发位置分布

a. 春季；b. 夏季；c. 秋季；d. 冬季

5.3.2 爆发性气旋数量的变化趋势

文中分别统计了 1979—2016 年不同强度级别的爆发性气旋各季节数量的变化情况。强度的级别依据贝吉龙进行区分，分 1、2、3 个贝吉龙的强度进行统计，结果如图 5-9。统计表明，除秋季外，爆发性气旋（达到 1 个贝吉龙及以上的气旋个数）的变化趋势都达到了显著增长的水平，气旋个数的倾向率分别为春季 4.1 个 / 10（a），夏季 2.3 个 / 10（a），秋季 1.2 个 / 10（a），冬季 3.2 个 / 10（a）。2、3 个贝吉龙的气旋为不显著的增长趋势，但 2010 年以后，达到 2 贝吉龙爆发性增长程度的气旋增加趋势明显。可见，近年来，爆发发展的气旋个数有增加的趋势。

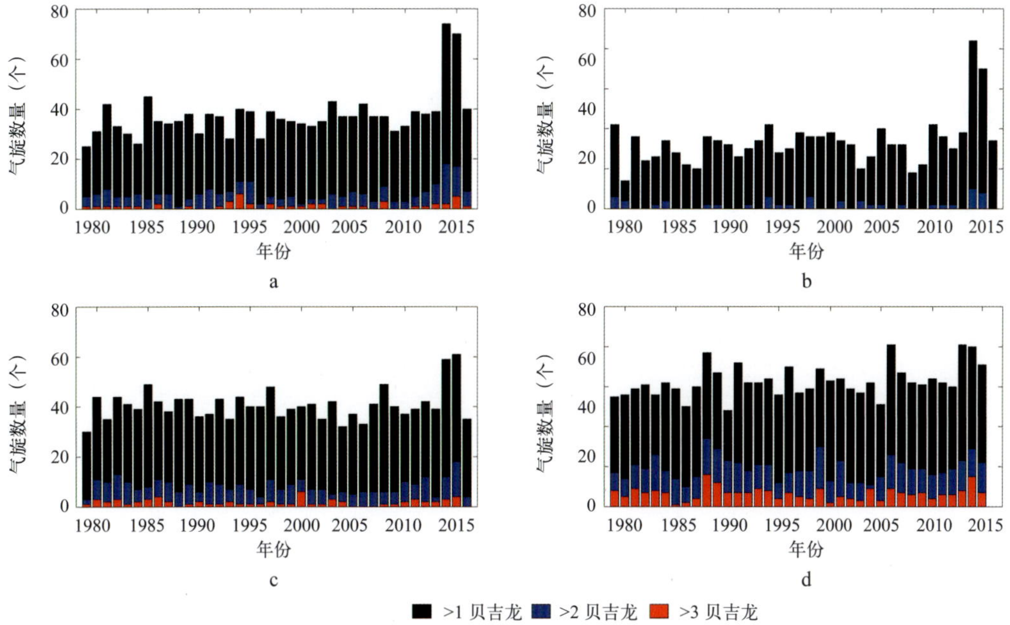

图5-9　不同爆发增长程度的气旋时间序列

a. 春季；b. 夏季；c. 秋季；d. 冬季

第6章

海洋气旋对我国极地考察航线影响分析

6.1 研究背景及意义

由前面的章节分析结果可以看出，海上温带气旋具有数量多、活动频繁、强度强、生命史长、影响范围广等特点。我国从 1984 年起至今已组织了 36 次南极科学考察和 10 次北极科学考察，南北半球中高纬度海区是我国极地考察的必经区域，海上温带气旋带来的大风、降水、低能见度等危险天气和恶劣海况在相当大程度上威胁着我国极地考察的航行和科考安全。所以开展海上温带气旋活动对我国极地考察航线影响情况的分析研究对于保障极地考察人员和船舶安全具有非常重要的意义。

国内对于气旋影响南极科学考察航线的情况已有不少的研究结果。早期，陈善敏等（1989）利用南半球天气图和长城站观测资料对影响西南极半岛地区的极地气旋移动路径进行了统计分析，王景毅和谭燕燕（1990）利用第 1 次和第 3 次南极科学考察期间的现场观测资料，对南大洋夏季的气旋爆发性发展进行了分析研究，郭进修（1991）利用地面天气图和卫星云图资料分析研究了东南极普里兹湾 1990 年 1—2 月大风天气与气旋和锋面活动的关系，胡胜利（1995）总结了前几次南极科学考察中在南大洋遇到的灾害性大风个例并对穿越西风带航线选择进行了探讨。解思梅等（2002）利用船载气象观测资料和 NOAA 卫星云图，研究了南极中山站所处的普里兹湾地区气旋的生消发展，指出夏季绕极气旋进入普里兹湾内也会发展加强，在湾内东风带里也能生成气旋。胡胜利（2004）利用长城站气象观测资料研究了极地气旋和长城站暴风雪天气的关系，指出长城站 95% 以上的暴风雪天气都是由于极地气旋引起的。耿淑琴和蔡琳（2004）总结了我国第 19次南极科学考察期间的航线天气及预报情况，指出南半球副热带高压脊和极地高压的南北活动对于绕极气旋移动和发展具有重要影响。傅刚等（2007）利用大气再分析数据和卫星云图资料对第 21 次南极科学考察穿越西风带期间南大洋上一对气旋的演变过程和垂直结构进行了分析研究。王祥涛和赵强（2010）以第 25 次南极科学考察为例探讨了穿越南半球西风带的航线选择问题。国家海洋环境预报中心（2008）总结了多个南极科学考察航次的海洋气象特点、站区天气系统和气象要素变化特征、气旋活动情况等，汇编成《极地考察海洋气象论文集》。由于北极科学考察开始较晚，且航线气象海况比南极科学考察好，所以目前对于气旋影响北极科学考察航线的研究相对较少。县彦宗等（2009）利用第 3 次北极科学考察期间收集的现场气象资料分析了整个航次的气象状况；隋翠娟等（2010）对 2003 年第 2 次北极科学考察期间一次气旋导致大风过程个例进行了天气学分析，研究了极涡个例发展期间平流层、对流层的环流特征以及二者之间的关系。

这些研究对于认识海上温带气旋对我国极地考察的影响具有重要的指导意义。

以往关于气旋影响我国极地考察航线的研究多是集中于某一航次或某一地区，而对多个航次的整体及对比情况研究较少。基于这种情况，我们综合利用“雪龙”号极地考察船接收到的卫星云图、走航气象观测数据、航次总结报告、澳大利亚南半球海平面气压实况分析图、欧洲中长期天气预报中心的 ERA-Interim 再分析数据等资料，确定了我国第 19 次 ~ 第 34 次南极科学考察和第 2 次 ~ 第 9 次北极科学考察期间气旋影响考察航线的所有气旋大风过程。在此基础上，统计分析了气旋大风过程的数量、发生间隔、强度、空间分布等特征，更加全面和直接地反映出海上温带气旋对我国极地科考航线的影响，以期为今后极地科考计划制定和航线选择提供借鉴参考，并为进一步提升极地科考航线预报保障能力提供帮助。

6.2　资料和方法

6.2.1　资料

（一）“雪龙”号走航气象观测数据

“雪龙”号安装有船载自动气象站，第 19 次 ~ 第 29 航次为 Vaisala Milos500 船载自动气象站，第 30 次 ~ 第 34 航次更换为基于美国坎贝尔公司 CR3000 数采器的天诺自动气象站，航次出发前会对自动站主要传感器进行标定，以保证观测数据的准确性。观测要素包括气压、气温、露点温度、相对湿度、风向、风速等，数据时间分辨率为 10 min。除了自动气象站走航观测数据，随船气象人员在每日 00UTC、06UTC、12UTC 和 18UTC 中的 3 ~ 4 个时次进行正点气象观测，人工观测项目主要包括能见度、天气现象、云量云状、浪高涌高等。

（二）“雪龙”号极轨卫星云图

“雪龙”号自第 19 航次开始安装了美国 SeaSpace 公司生产的极轨气象卫星遥感接收系统，可以实时接收和处理美国 NOAA、DMSP 极轨卫星的遥感数据并显示为云图，利用该系统可以识别出“雪龙”号周边的气旋云系，用于判定观测到的大风过程是否由于气旋所致，但个别航次由于设备故障无法接收数据。

（三）ERA-Interim 再分析数据

在本研究中，还使用了欧洲中长期天气预报中心（ECMWF）的 ERA-Interim

再分析数据来分析气旋系统的位置及其周围的主要大风区，以判定观测到的大风过程是否由于气旋所致，其时间分辨率每日 4 次，水平分辨率为 0.75° × 0.75°，要素主要选取了海平面气压、10 m 高度风向风速和有效波高。

6.2.2 气旋大风过程判定方法

由于我国南极科学考察航线一般从上海（约 30°N）出发，受北半球温带气旋的影响较少，故关于南极考察航线的研究中主要针对南半球海上温带气旋对考察航线的影响来开展。气旋大风过程判定方法具体如下：首先利用“雪龙”号走航气象观测数据筛选出发生在南半球 30°S 以南或北半球 30°N 以北中高纬度航线上风速大于或等于 14 m/s 的大风过程，然后查找最近时刻的 SeaSpace 极轨卫星云图和 ERA-Interim 再分析数据判断气旋系统位置及云系范围，若考察船位于气旋系统附近或云系内，则定义该大风过程是一次气旋大风过程，并将其中风速大于或等于 20 m/s 的大风过程定义为一次强过程。

选取风速大于或等于 14 m/s 作为气旋大风过程的标准是由于当风力长时间维持在 7 级（13.9 ~ 17.1 m/s）时，在开阔洋面产生的海浪波高可以达到 4 m 左右（许小峰等，2009），会对极地考察船的航行和作业产生一定影响，一些对海况要求高的科考作业将无法开展。而当风力长时间维持在 9 级或以上（≥ 20.8 m/s）时，在开阔洋面产生的海浪波高可以达到 7 m 以上，会对航行和作业产生很大影响，考察船将中止作业选择进冰区避风或原地低速抗风。

图 6-1 给出了综合利用“雪龙”号走航气象观测数据、SeaSpace 极轨卫星云图、ERA-Interim 再分析数据来判定一次气旋大风过程的个例。走航气象观测数据（图 6-1a）显示 2011 年 12 月 24—25 日“雪龙”号经历了一次最大风速达到 22 m/s 左右的大风过程，风速自 24 日 18UTC 开始迅速增大，25 日 12UTC 达到最大后迅速减小，气压呈漏斗型先迅速下降然后迅速上升，25 日 06UTC 实测海平面气压最低接近 955 hPa，25 日 00UTC 观测到较强降雪，能见度低至 1 km 左右。从 25 日 06 : 51UTC 的卫星云图（图 6-1b）和 25 日 06UTC 的地面实况分析图（图 6-1c）上可以看出，在南大洋洋面上存在一个强气旋，中心位于约 62°S、0°，气旋强度很强，中心最低气压约 948 hPa，气旋前部的锋面云系范围宽广且清晰密实，表明该气旋尚未锢囚，仍处于增强阶段，“雪龙”号此时正位于气旋中心东北侧的锋面云系后部，距离气旋中心约 250 km，受西北向大风的影响。卫星云图和再分析数据均可说明此次大风过程是由于气旋引发，且是一次强过程。

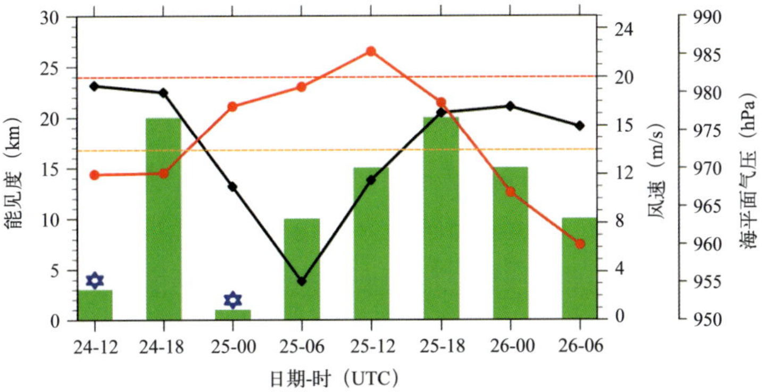

a

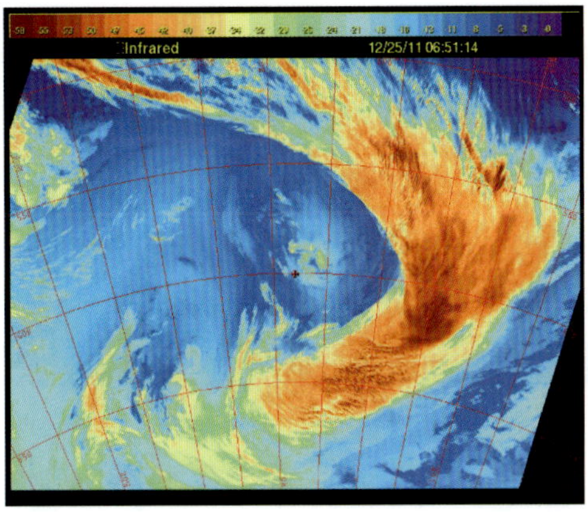

b

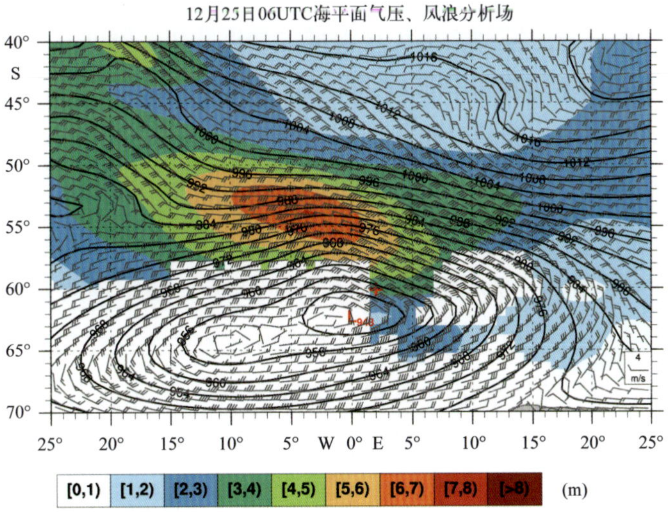

c

图6-1　南极科学考察航线气旋大风过程个例

a.“雪龙”号2011年12月24—26日走航气象观测序列，蓝色六角星表示观测时有雪；b. 2011年12月25日06 : 51UTC极轨红外卫星云图；c. ERA-I再分析数据2011年12月25日06UTC地面实况分析图；b和c中红色十字代表船位此外，基于 ERA-Interim 再分析数据，还使用英国雷丁大学的 Hodges 气旋客观识别追踪算法（Hodges，1994）来识别与追踪南大洋气旋，以分析探讨气旋活动本身与考察航线气旋大风过程在数量、发生间隔的关系。该气旋识别与追踪算法已被广泛地应用到温带气旋或极地低压的统计研究中，并在南大洋气旋气候特征及其对我国考察站附近的影响研究方面也得到了较好的应用（Wei and Qin，2016；秦听等，2017），关于该算法的主要思想可以参考本书第 1 章的内容。

6.3 南极科学考察航线及气候特征

我国于 1984 年组织了第 1 次南极科学考察并在南极半岛北部的乔治王岛上建立了长城考察站，然后于 1989 年在东南极普里兹湾的拉斯曼丘陵上建立了中山考察站，此后南极科学考察逐渐进入业务化和常规化，并于 2009 年和 2014 年在南极内陆分别建立了昆仑站和泰山站。我国极地考察船在南大洋和极区考察作业主要集中于南半球夏季，第 19 次 ~ 第 34 次南极科学考察的航线如图 6-2 所示。第 19 次 ~ 第 28 次南极科学考察期间，典型航线一般为经澳大利亚向南穿越西风带赴中山站所在的普里兹湾海域进行卸货和考察，然后绕极航行至南极半岛海域进行考察作业，期间会穿越西风带在澳大利亚或南美洲南部进行补给，其后再次绕极航行回到普里兹湾，结束普里兹湾考察作业后向北穿越西风带离开南大洋，重点考察海域为普里兹湾海域和南极半岛海域。最近几年，随着罗斯海地区新考察站的选址建设以及对阿蒙森海综合调查的开展，第 29 ~ 第 34 次南极科学考察期间，在新西兰和罗斯海之间往返的航线次数有所增加，重点考察海域中也增加了罗斯海和阿蒙森海两个区域。

为了解南极科学考察航线的气候特征，统计了 1989/1990 年至 2017/2018 年南半球中高纬度夏季（12 月至次年 2 月）的平均海平面气压和 10 m 高度风速场（图 6-3），可以看出，南半球中纬度 30°—40°S 为副热带高压控制区，副高断裂成三个单体，分别分布在大西洋、印度洋和太平洋上，副高中心气压超过 1020 hPa，副高主体内气压场相对均匀，平均风速很小，副高边缘与低压配合区风速较大。40°—60°S 区为等压线密集气压梯度很大的盛行西风带，平均风速很大，其中南印度洋 50°S 附近海域的平均风速接近 12 m/s，这种大风一般是由于南大洋气旋与北侧副热带高压配合产生的梯度风引起的。60°—70°S 为气压场也相对较均匀的副极地低压控制区，在普里兹湾西侧的南大洋上以及罗斯海至阿蒙森海地区分布着几个低压活动中心，中心气压接近 980 hPa，副极地低压区内平均风速也相对较小。70°S 附近为南极大陆边缘的极地东风带，气压梯度较大，平均风速也较大，普里兹湾两侧区域风速接近 10 m/s，这种出现在南极大陆边缘极地东风带内的大风可能是南大洋气旋与极地高压配合产生的偏东风，也可能是南极冰盖或冰架与周围热力差异产生的下降风；再往南为南极冰盖上的极地高压区。

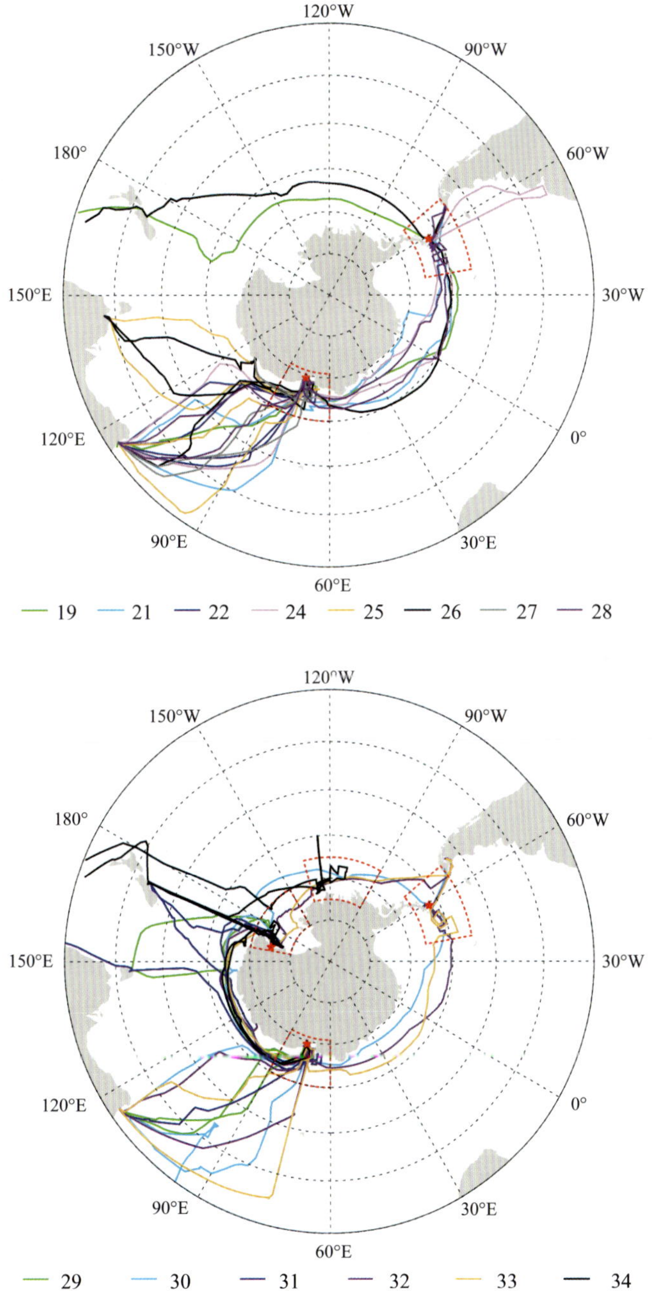

图6-2　第19～第28次（上）和第29～第34次（下）南极科学考察航迹

红色五角星代表考察站位置，红色虚线扇形区域代表重点考察海域

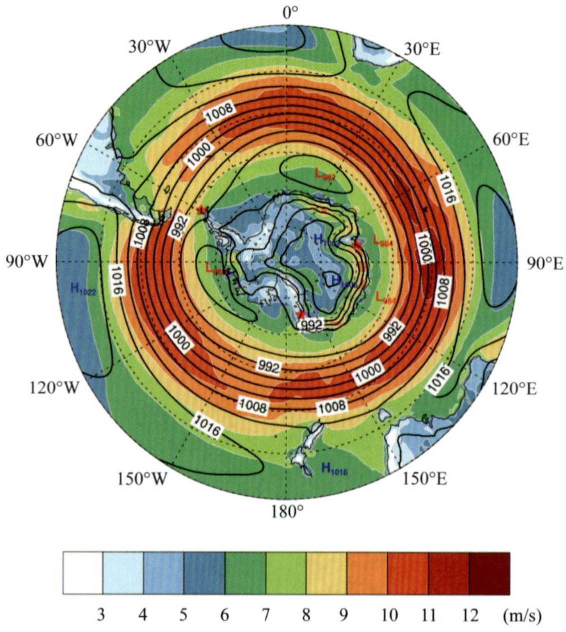

图6-3　南半球夏季（12月至次年2月）中高纬度平均海平面气压（黑线，单位：hPa）和10 m风速场（填色，单位：m/s）分布

图 6-4 给出了南半球夏季中高纬度海域大风大浪出现概率空间分布图。从 10 m 风速分别达到 6 级以上（图 6-4a）和 7 级以上（图 6-4b）的概率分布图来看，大风出现概率的大值区主要呈带状分布在 40°—60°S 范围的盛行西风带内，其中 50°S 附近部分海域 6 级（7 级）以上出现概率可以达到 0.5（0.2），即有一半左右时刻风速可以达到 6 级以上，有 1/5 的时刻可以达到 7 级以上。由于资料时间分辨率是一天 4 次，说明在盛行西风带的核心区域，每天都有约一半时间风力达到 6 级以上，每隔 1 d 就会出现 1 次 7 级以上大风过程。从其经向分布来看，在南美洲东南侧的南大西洋海域（约 30°—65°W）和新西兰东南侧的南太平洋海域（约 150°W—180°），盛行西风带内 6 级以上和 7 级以上大风出现概率均低于同纬度其他区域，说明这两个海域受南伸的陆地影响，近海面的西风较其他海域弱，大风过程较其他海域少。此外可以看出，在南极大陆边缘的 70°S 附近极地东风带内也存在一些容易出现大风的区域，尤其是 30°—150°E 区域，6 级（7 级）以上大风出现概率达到 0.25（0.15）左右，说明该区域差不多每天都有一个时次风力达到 6 级以上，每隔 2 d 左右就会出现 1 次 7 级以上大风过程。副极地低压区内大风出现概率相对较小，而副热带高压区内大风出现概率最少，只在澳洲、南美、非洲大陆的东侧存在范围较小的大风多发区，这与副高与大陆热低压配合产生的

梯度风有关。

大浪出现概率的空间分布基本（图 6-4c 和图 6-4d）与大风区类似，不同之处主要是由于受到海冰的影响，南极大陆边缘的极地东风带内没有大浪出现。大浪出现概率的大值区也呈带状分布在 40°—60°S 范围的盛行西风带内，该纬度带内多数海域 3 m 以上大浪出现概率达到 0.5 或以上，核心区 50°S 附近 4 m 以上大浪出现概率为 0.3 ~ 0.4，说明盛行西风带内每天都有一半以上时间浪高达到 3 m 以上，并且平均每天都会出现一次 4 m 以上大浪过程。

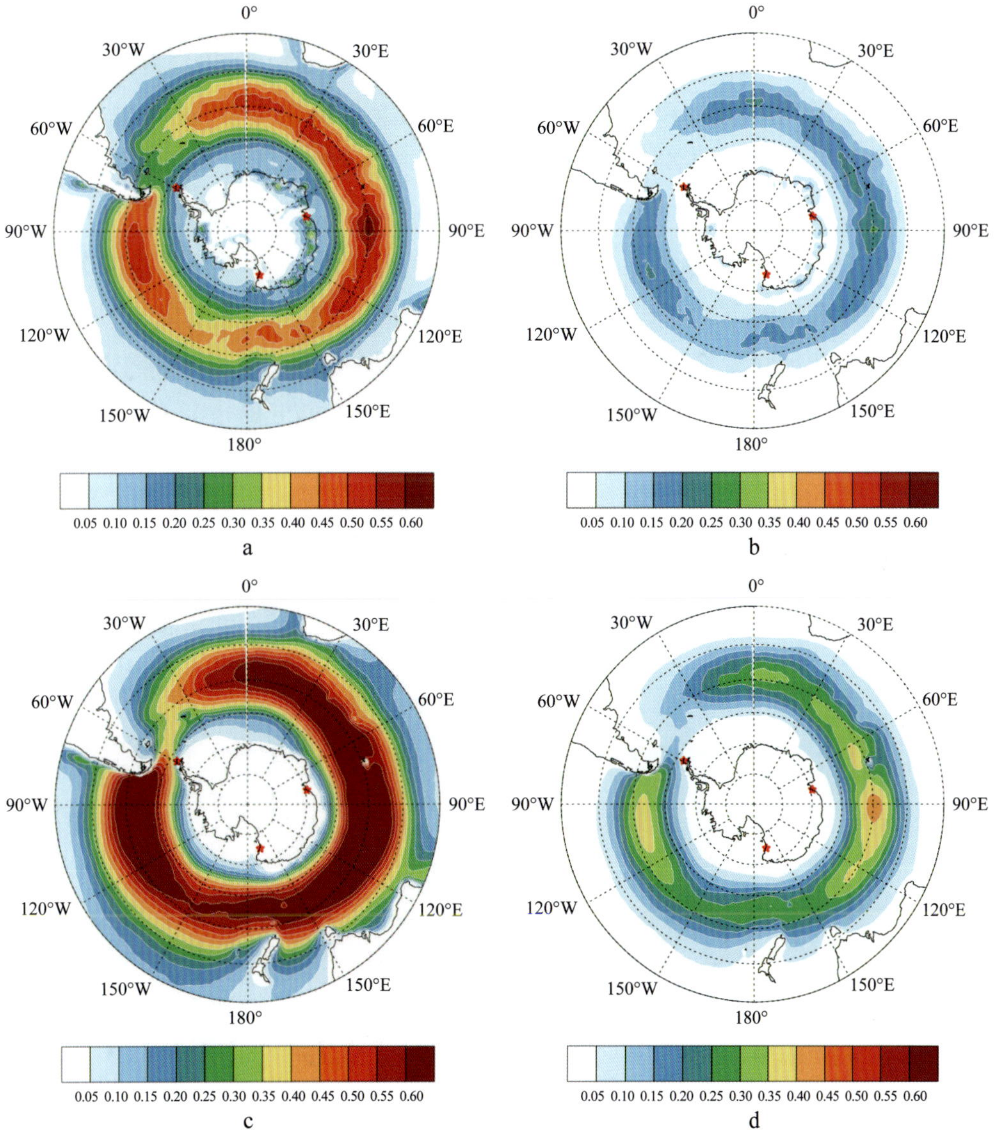

图6-4　南半球夏季（12月至次年2月）中高纬度风浪空间分布

a. 6级以上大风；b. 7级以上大风；c. 3 m以上大浪；d. 4 m以上大浪出现概率

结合考察航线、平均气压场风场及大风大浪概率空间分布，可知我国南极科学考察航线在南半球中高纬度，一般为从气压高、风速小、大风大浪少的副热带高压往南航行通过气压梯度大、风速大、大风大浪频发的盛行西风带，进入气压低、风速相对小、大风相对少的副极地低压区，在副极地低压区、极地东风带内进行考察作业和绕极航行。

6.4　北极科学考察航线及气候特征

我国于 1999 年组织了首次北极科学考察，此后分别于 2003 年、2008 年、2010 年、2012 年和 2014 年组织了第 2 ~ 第 6 次北极科学考察，从 2016 年开始北极科学考察开始进入业务化和常规化，2016—2018 年连续组织了第 7 次、第 8 次和第 9 次北极科学考察，历次考察航迹如图 6–5 所示。我国北极科学考察主要集中于北半球夏季（7—9 月），典型航线一般为经东海、日本海、鄂霍次克海、堪察加半岛东部海域、白令海、白令海峡进入北冰洋，考察海域主要集中于白令海、白令海峡以及北冰洋太平洋扇区的楚科奇海、加拿大海盆等海域，并于第 5 次和第 8 次北极科学考察期间组织了东北航道、中央航道和西北航道的考察。

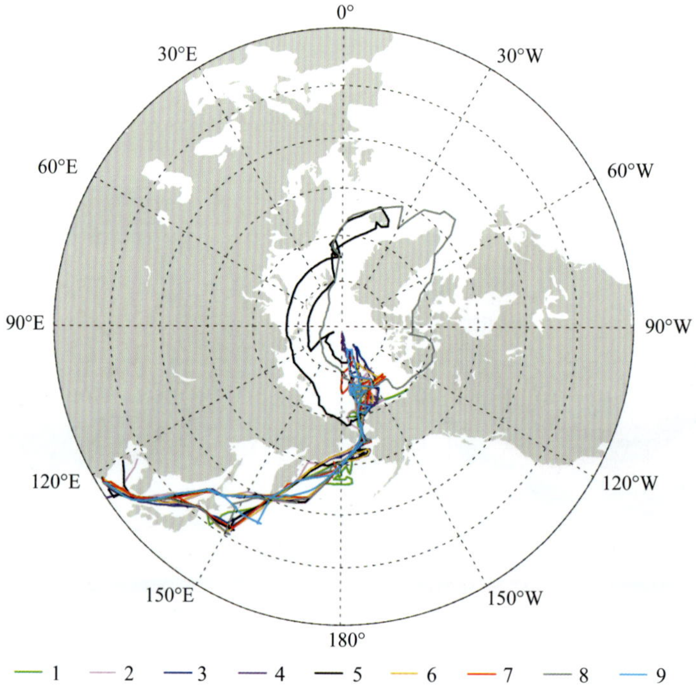

图6–5　第1 ~ 第9次北极科学考察航迹图

为了解北极科学考察航线的气候特征，统计了 1990—2018 年北半球夏季（7—9 月）中高纬度的平均海平面气压和 10 m 风速场（图 6-6），可以看出，由于受到海陆分布的影响，北半球中高纬度的气候风压带均出现断裂，副热带高压、盛行西风带和副极地低压均呈单体分布。两个副高单体分别分布在 30°—40°N 纬度带内的北大西洋和北太平洋上，高压中心气压超过 1020 hPa，副高主体内气压场相对均匀，平均风速较小。40°—60°N 内的北大西洋和北太平洋上为等压线密集的盛行西风带，强的气压梯度使得平均风速也较大（7 ~ 9 m/s），但与南半球西风带相比，大风区域、大风强度均要弱得多。60°N 以北的极区为气压场相对均匀的地区，除了格陵兰冰盖造成的极地高压，极区和副极地地区的高低压活动都相对较弱，相对而言，北大西洋地区的冰岛低压强度要强于北太平洋地区的阿留申低压，位置也较后者略偏南，这在北大西洋地区造成了更强的高低压配合，也使得北大西洋区域西风带的平均风速要比北太平洋大。此外，极点附近的北冰洋中心区在夏季为低压所控制，这与南极明显不同，究其原因，主要是因为北极地区下垫面主要为海洋，而南极地区下垫面主要为陆地和冰盖。

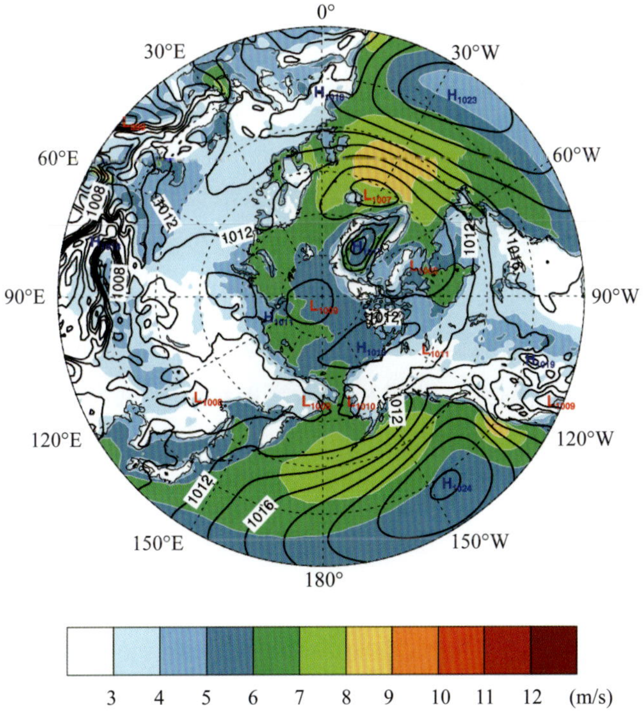

图6-6　北半球夏季（7—9月）中高纬度平均海平面气压（黑线，单位：hPa）和 10 m风速场（填色，单位：m/s）分布

图 6-7 给出了北半球夏季（7—9 月）中高纬度海域大风大浪出现概率分布图，分别为 10 m 风速分别达到 5 级以上（图 6-7a）、6 级以上（图 6-7b）以及有效波高达到 2 m 以上（图 6-7c）和 3 m 以上（图 6-7d）的概率分布。可以看出，大风大浪高发区主要在冰岛南部的北大西洋海域和阿留申群岛南部的北太平洋海域，其次在中纬度非洲西海岸和北美洲西海岸也存在小范围的大风大浪高发区，前者主要由副热带高压和副极地低压之间的盛行西风引起，后者主要由副高边缘与大陆低压配合产生的梯度风引起。大风大浪几个高发区内 5 级以上大风、2 m 以上大浪出现的概率最大约 0.5，6 级以上大风、3 m 以上大浪出现概率基本都低于 0.25，7 级以上大风、4 m 以上大浪出现概率非常小（0.05，图略），即这几个区域间隔 1 d 以上才会出现 1 次 6 级以上大风和 3 m 以上大浪过程，间隔 5 d 或以上才能出现 1 次 7 级以上大风和 4 m 以上大浪过程。说明北半球中高纬度大风大浪出现概率要明显低于南半球，高发区的空间范围也要明显小于南半球。北冰洋内大风大浪出现较多的区域位于冰岛附近海域、欧亚大陆一侧的北极边缘海以及白令海峡海域，5 级以上大风、2 m 以上大浪出现概率低于 0.4，6 级以上大风、3 m 以上大浪出现概率基本低于 0.1，只在冰岛附近海域接近 0.2，说明北冰洋主要海域内大风过程出现较少，大约每隔 2 ~ 3 d 出现 1 次 6 级以上大风过程，此外，由于周围陆地和海冰的影响 3 m 以上大浪出现间隔时间更长，只有冰岛附近海域是大浪过程的相对多发区。

结合考察航线、平均气压场风场及大风大浪概率空间分布，可知我国北极科学考察航线一般为从气压高、风速小、大风大浪少的副热带高压向北航行通过气压梯度大、风速大、大风大浪相对多的北半球西风带，进入气压低、风速相对小、大风相对少的副极地和极地低压区，在副极地低压区和极地低压区内进行考察作业。相比南极科学考察航线，北极科学考察航线上大风大浪出现概率要明显低，大风大浪过程发生时间间隔明显要长。

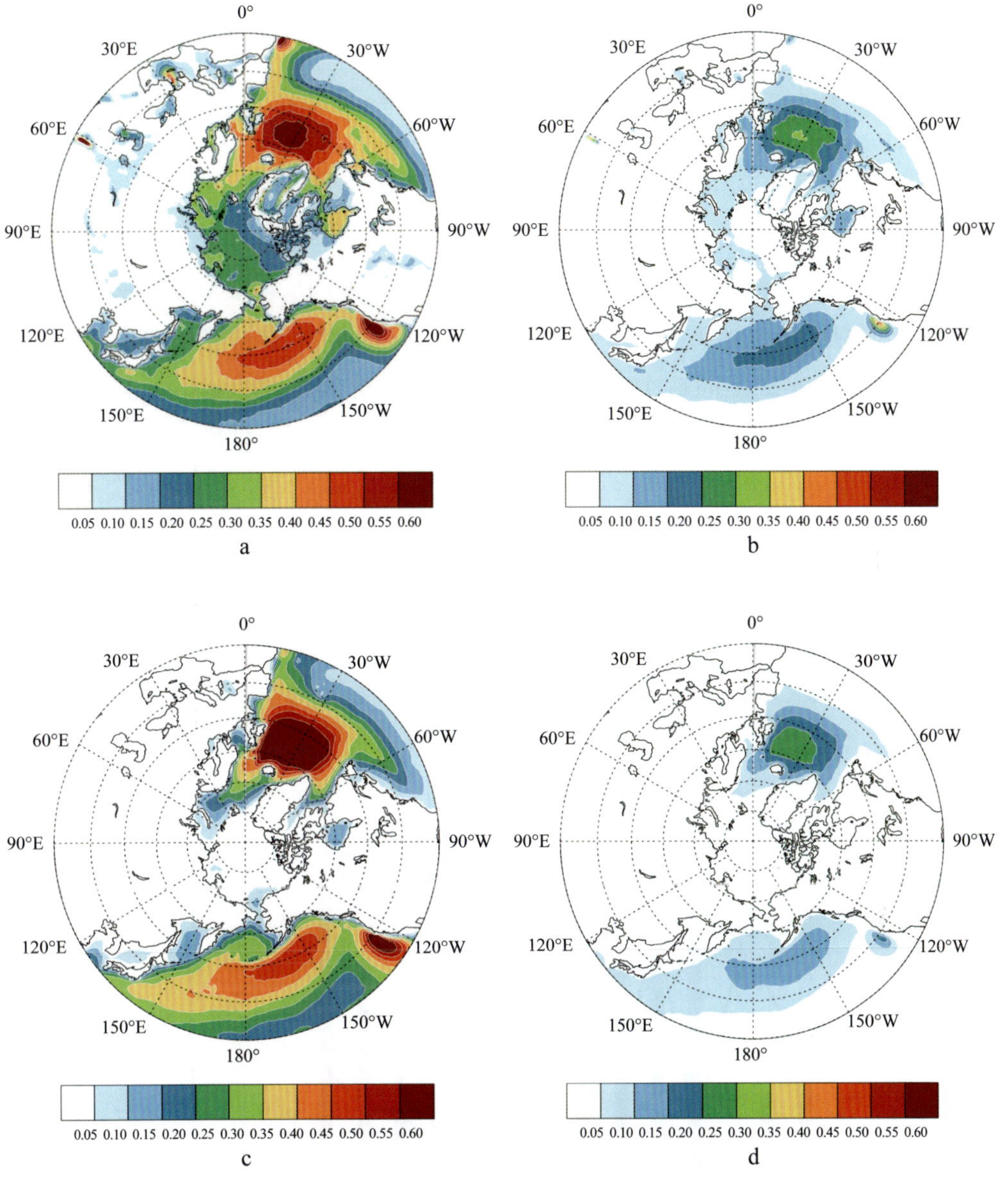

图6-7　北半球夏季（7—9月）中高纬度海域大风及大浪出现概率分布

a. 5级以上大风；b. 6级以上大风；c. 2 m以上大浪；d. 3 m以上大浪

6.5 气旋对南极科学考察航线影响的统计分析

6.5.1 气旋大风过程数量和发生间隔

根据 6.2 给出的判定方法统计得到了我国第 19 ~ 第 34 次南极科学考察期间出现的气旋大风过程及强过程数量（图 6-8），从结果可以看出，南大洋气旋频繁影响我国南极科学考察航线，平均每个航次出现约 18.4 次气旋大风过程，并且每个航次均有强过程出现，平均每个航次出现 4.1 次，强过程所占比例平均约 24%。还可以看出，不同航次之间存在明显的差异，第 24 次和第 34 次南极科学考察期间气旋大风过程发生最多，均高达 26 次，第 22 次南极科学考察期间气旋大风过程最少，仅有 9 次，第 25 次南极科学考察期间强过程最多（9 次），第 31 次南极科学考察期间强过程最少（2 次）。从强过程所占百分比来看，第 27 次南极科学考察期间强过程比例最高（约 45%），其次为第 25 次南极科学考察期间（约 41%），第 31 次南极科学考察期间强过程比例最低（约 12%）。以往的研究表明，南大洋气旋数量、强度、活动范围存在明显的年际变化（Wei and Qin，2016），这种气旋活动本身的年际变化可以引起气旋大风过程的航次之间差异，此外，这种航次差异也与不同航次在南大洋和极区时间长短及航行路线有所差别有关。

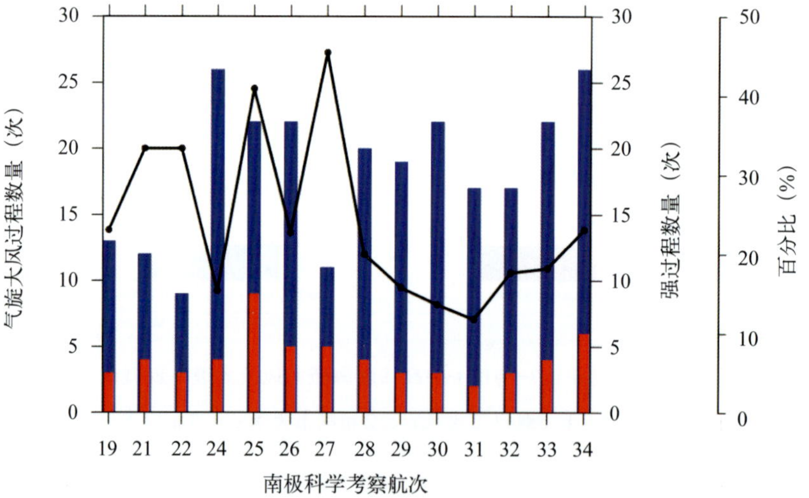

图6-8　气旋大风过程数量（蓝色柱状）、强过程数量（红色柱状）及所占百分比（黑线）

为了剔除不同航次在南大洋和极区（30°S 以南）时间长短的影响，进一步分析气旋大风过程发生的频率，统计了每个航次“雪龙”号在南大洋和极区的时间，得到每个航次气旋大风过程及强过程的发生间隔时间（图 6-9）。从图中可以看出，我国南极科学考察航线上气旋大风过程非常频繁，发生的平均时间间隔为约 6.5 d，而强过程出现的平均时间间隔为约 30 d，也就是大约每个月出现一次强过程。另外不同航次之间仍存在一定的差异，第 24 次南极科学考察期间气旋大风过程发生最为频繁，接近每 4 d 就出现一次气旋大风过程，而第 22 次和第 27 次南极科学考察期间气旋大风过程发生的间隔时间最长（9.4 d）；第 25 次南极科学考察期间强过程发生最为频繁，每 14 d 就出现一次强过程，而第 31 次南极科学考察期间强过程发生的间隔时间最长（58 d），接近每两个月才出现一次强过程。

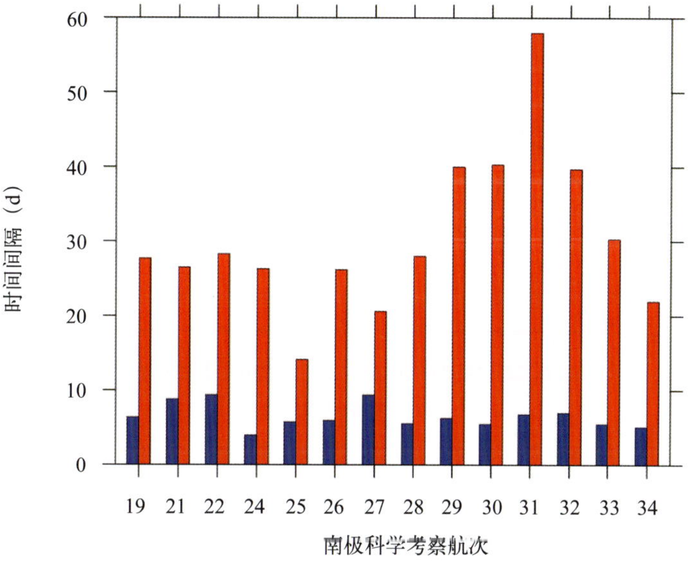

图6-9 气旋大风过程（蓝色柱状）、强过程（红色柱状）发生时间间隔序列

6.5.2 气旋大风过程发生间隔与 AAO 的关系

南极涛动（AAO）或南半球环状模（SAM）是南半球中高纬度最重要的天气气候变率（Gong and Wang，1999），以往的研究表明，其与南大洋气旋活动有密切关系。由于我国南极科学考察主要集中于南半球夏季，故计算了第 19 ~ 第 34 次南极科学考察期间南半球夏季（当年 12 月至次年 2 月）的 AAO 指数，并统计了其与航线气旋大风过程发生时间间隔的相关关系（图 6-10），可以看出，气旋大风过程时间间隔与 AAO 指数呈负相关（相关系数 -0.40），即当 AAO 处于正位相时，考察航线上气旋大风时间间隔越短，也就是气旋大风过程发生越频繁（如第 24 次、第 28 次和第 34 次考察期间），反之当 AAO 处于负位相时气旋大风过程发生越稀少（如第 22 次考察期间）。但这种相关关系不显著，没有通过 95% 信度的显著性检验，其原因是夏季 AAO 指数与南大洋气旋活动密度正相关

明显的区域主要集中在 55°S 以南的高纬度（Wei and Qin，2016）。为此，我们进一步计算了考察航线上发生在 55°S 以南的气旋大风过程时间间隔（图 6-10 红线）及其与 AAO 指数的关系，发现二者相关关系达 −0.58，并通过 95% 信度的显著性检验，说明 AAO 与航线上气旋大风过程发生频率的负相关关系在 55°S 以南更为突出。

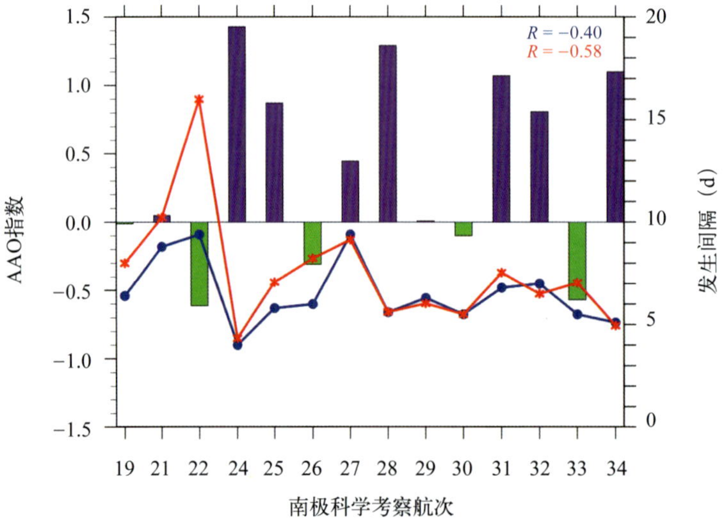

图6-10　南半球夏季AAO指数（柱状，正：紫色，负：绿色）与气旋大风过程发生时间间隔（实线，单位：d）序列

红色实线表示发生在55°S以南的时间间隔，R表示相关系数

为进一步揭示 AAO 位相对航线气旋大风活动频率的影响，选取 2005/2006 年和 2007/2008 年两个典型夏季进行对比分析，前者处于典型的 AAO 负位相（−0.613），后者处于典型的 AAO 正位相（1.428），分析了两个夏季近地面风压差值场和气旋活动密度差值场（均为 05/06 减 07/08，见图 6-11）。可以看出，相比 2007/2008 年夏季，2005/2006 年夏季南半球 60°S 以南的高纬度地区海平面气压（以下简称“气压”）均为正值，即气压偏高，普里兹湾北部、罗斯海等地区偏高可达 10 hPa，西半球 60°S 以北的中纬度地区气压也普遍偏高，东半球中纬度地区为气压偏低区，印度洋至太平洋一带偏低可达 −6 hPa。说明在 AAO 负位相，副热带高压减弱、副极地低压北部增强南部减弱、极地高压增强；同时在近地面风场上可以看出在 AAO 负位相，中纬度盛行西风带北部增强南部减弱、极地东风带增强。而从气旋活动密度差值场（图 6-11b）可以看出，在 AAO 负位相，55°S 以南的高纬绕极地区气旋活动均偏少，偏少最明显区域位于东半球印度洋至太平洋一带，55°S 以北中纬度地区的气旋活动偏多，最明显区域位于大西洋至太平洋一带，说

明在 AAO 负位相南大洋气旋活动整体偏少且主要活动区域向北偏移。气旋活动的减少和向北偏移、副热带高压减弱、副极地低压北部增强南部减弱、极地高压增强、中纬度盛行西风带北部增强南部减弱等综合作用使得第 22 次南极科学考察期间（2005/2006 年夏季）气旋大风过程偏少且发生时间间隔较长（9.4 d），其中 55°S 以南遇到的气旋大风过程变化尤为明显，发生间隔长达 16 d。综上可见，AAO 通过调整中高纬度风压带强弱，并影响气旋活动数量和活动区域，进而影响考察航线上气旋大风过程发生数量和频率。

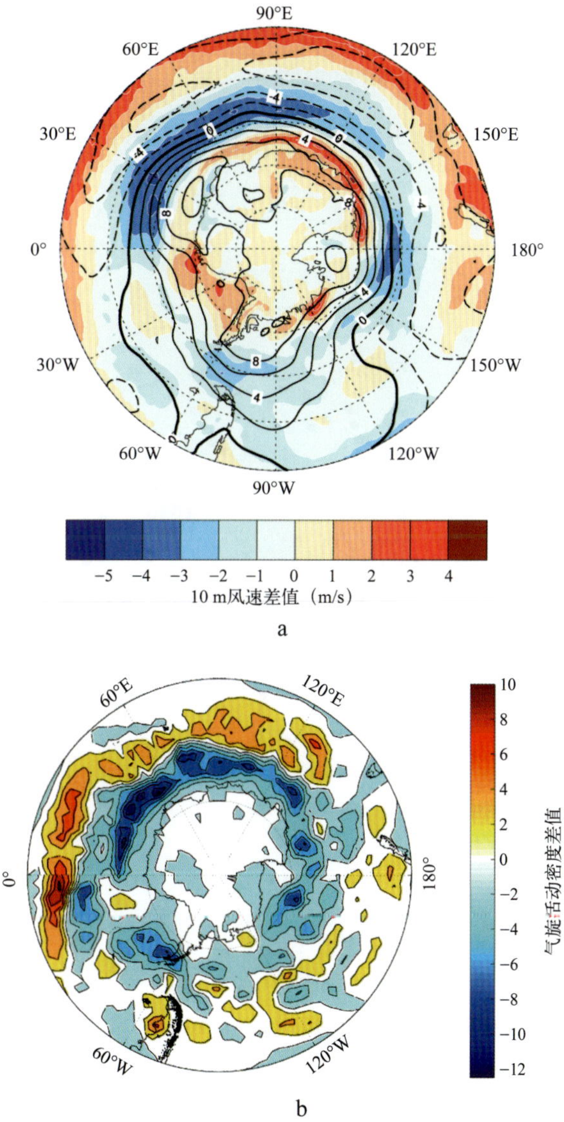

图6-11　南半球夏季（a）海平面气压（黑线，单位：hPa）、10 m风速（填色）差值场和（b）气旋密度（填色，单位：个/5° 球冠单位面积）插值场

2005年夏季，2005年12月—2016年2月；2007年夏季，2007年12月—2008年2月

6.5.3 气旋大风过程空间分布

统计了第 19 ~ 第 34 次南极科学考察期间每次气旋大风过程中最大风速出现时的船位，得到气旋大风过程的空间分布图（图 6-12），可以看出，气旋大风过程可以发生在我国南极科学考察航线中高纬度航区的任意位置，从穿越西风带到绕极航行，再到站区卸货和大洋科考，期间都会受到气旋大风过程的影响。气旋大风过程最北可以出现在西风带边缘的 30°S 附近，最南可以发生在罗斯海底部的 78°S 附近，这也从侧面说明南半球海上温带气旋影响的范围之广，印证了 Wei 和 Qin（2016）对南大洋气旋活动范围的统计结果。此外还可以看出，中山站附近和长城站附近气旋大风过程分布都很密集，其中强过程发生也较多，从侧面反映出两个考察站频繁受到气旋的影响，与秦听等（2017）的研究结果相一致。

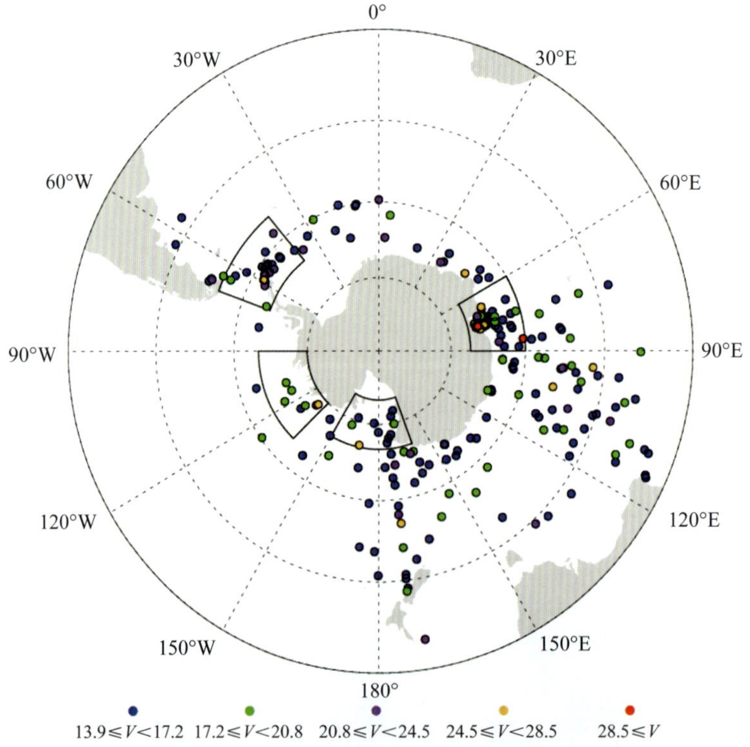

图6-12 气旋大风过程空间分布

*V*表示过程风速，单位：m/s；扇形框代表4个重点科考海域

进一步按照气旋大风过程出现位置统计了发生数量及时间间隔的纬度分布（图 6-13），可以看出，气旋大风过程发生在 60°—70°S 范围内的数量要远远多于其他纬度范围，这主要是由于我国的长城站（62.22°S）和中山站（69.37°S）均

位于 60°—70°S 范围内，“雪龙”号在站区附近卸货和考察的时间要远大于其他海域。为此，我们剔除了在每个纬度带内的时长因素，得到在每个纬度带内气旋大风过程发生时间间隔的序列（黑色点线），可以看出，它表现为从南半球中纬度向南至极区先减小后增大，发生在 50°—55°S 范围内的时间间隔最小，平均每隔约 2.5 d 就出现一次气旋大风过程，其次为 45°—50°S 和 55°—60°S 两个纬度带，平均每隔约 3 d 出现一次气旋大风过程。这说明气旋大风过程在 45°—60°S 范围内出现频率最为频繁，而南大洋气旋活动密度高值区域呈带状分布于 55°—67°S 范围内（Wei and Qin，2016），说明气旋大风过程在气旋中心及其北侧与副热带高压配合产生的强梯度风区出现最多。此外还可以看出，在 70°—75°S 范围内气旋大风发生时间间隔要比 65°—70°S 小，即考察船在此纬度范围内比后者更易遇到气旋大风过程，这与从中纬度 50°—55°S 向南至极区发生时间间隔逐步增大的趋势不一致，这主要是由于考察船在 70°—75°S 范围内科考作业的海域主要位于罗斯海北部至阿蒙森海南部，而在 65°—70°S 范围内科考作业的海域主要位于普里兹湾南部，绕极气旋一般从普里兹湾口北面自西向东移走而不进入湾内，少数进入普里兹湾的气旋也会迅速减弱消失（解思梅等，2002）。

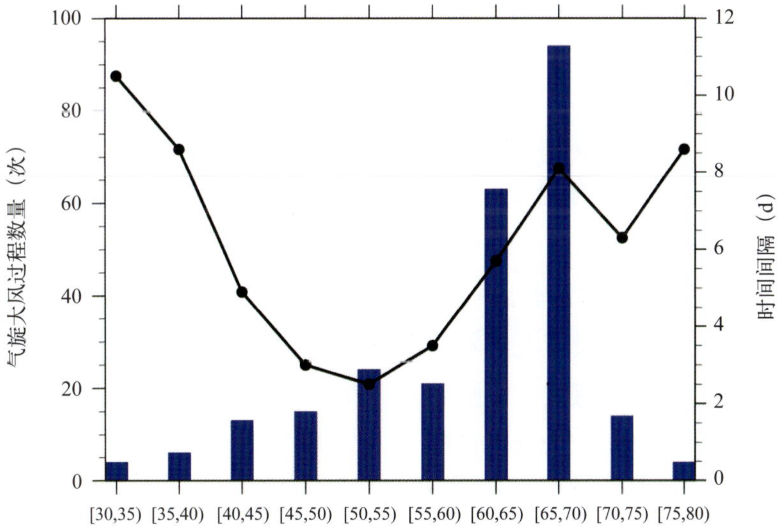

图6-13　气旋大风过程纬度分布

蓝色柱状：过程数量；黑色线：时间间隔

中山站所在的普里兹湾海域和长城站所在的南极半岛海域一直是我国南极科学考察的重点科考海域，近几年，随着罗斯海地区新考察站的选址建设以及对阿蒙森海综合调查的开展，罗斯海和阿蒙森海也已成为重点科考海域。为了研究南大洋气旋对各个重点考察海域的影响，对这 4 个海域的范围进行了划分（图 6-12 和表 6-1），并统计了第 19 ~ 第 34 次南极科学考察期间在每个海域总的科考和航行时间。可见普里兹湾考察作业时间（693 d）远远长于其他 3 个海域，阿蒙森海考察作业刚刚起步（31 d），下面将探讨这 4 个重点海域考察期间受气旋大风过程影响情况。

表 6-1　南极周边重点科考海域划分表

考察海域	普里兹湾	南极半岛	罗斯海	阿蒙森海
经纬度范围	60°E—90°E，60°S 以南	70°W—40°W，55°S 以南	160°E—150°W，70°S 以南	135°W—90°W，65°S 以南
总考察时间（d）	693	153	106	31

从各重点科考海域气旋大风过程和强过程数量来看（图 6-14a），普里兹湾海域科考期间气旋大风过程次数（79 次）和强过程次数（19 次）均最多且远多于另外三个海域，其次为南极半岛海域、罗斯海，最少的为阿蒙森海，这与在各海域考察作业的时间长短顺序是一致的。从强过程所占百分比来看，南极半岛海域强过程所占比例最高（32%），大约每三次气旋大风过程中就有一次强过程，其次为阿蒙森海、普里兹湾，强过程所占比例在 1/4 左右，最少为罗斯海（18%），约每六次气旋大风过程中才有一次强过程。而从各海域气旋大风过程和强过程发生时间间隔来看（图 6-14b），阿蒙森海考察期间每隔 4.4 d 就有一次气旋大风过程，每隔 15 d 左右就有一次强过程，均为各科考海域间隔最短，说明阿蒙森海受气旋影响较另外三个海域更为频繁，其原因是阿蒙森海至别林斯高晋海一带存在一个强大的南半球永久性大气活动中心——阿蒙森低压（Turner et al. 2013），它的存在在天气尺度上给阿蒙森海地区带来了频繁的气旋活动（秦听等，2019）。其次为南极半岛海域，气旋大风过程和强过程的发生间隔分别为 6.5 d 和 17 d，均比普里兹湾海域间隔时间短，这与秦听等（2017）利用气旋识别追踪方法统计得到的“长城站附近受气旋影响较中山站附近更频繁，气旋强度也偏强”的结论相一致，原因如前所述——绕极气旋一般从普里兹湾口北面自西向东移走而不进入湾内，而南极半岛海域由于纬度相对较低位于盛行西风和副极地低压带内从而气旋活动频繁。罗斯海地区由于位置最为偏南，主要受极地东风带控制，只有部分移动路径较为偏南的气旋能影响到此海域的科考作业，所以气旋大风过程发生间隔、特别是强过程发生间隔（53 d）均为最长。

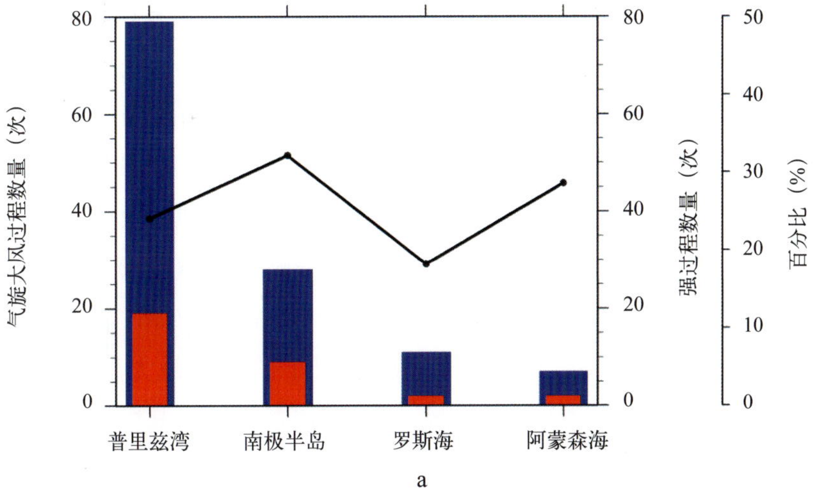

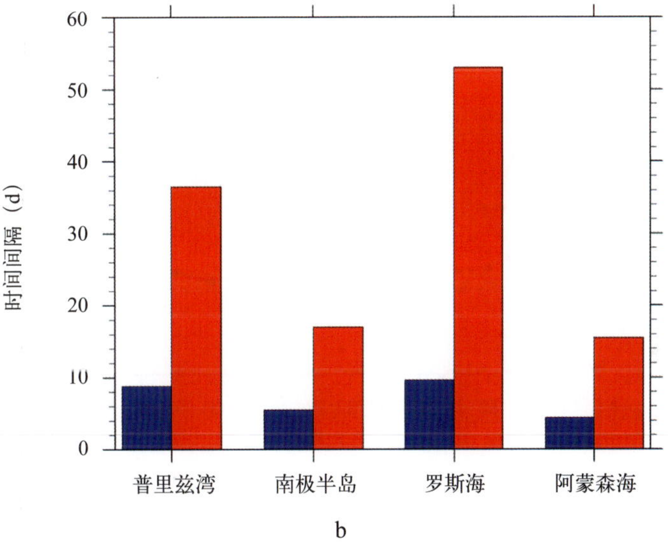

图6-14 重点科考海域气旋大风过程（a）数量和（b）发生时间间隔（单位：d）

a. 蓝色和红色柱状：气旋大风过程和强过程发生次数，黑色线：强过程所占百分比；b. 蓝色和红色柱状：气旋大风过程和强过程发生时间间隔

6.5.4 气旋大风过程强度

气旋影响强度方面，以每次气旋大风过程中的最大风速（以下简称“过程风速”）来代表气旋大风过程的强度，统计了第 19 ~第 34 次南极科学考察期间每个航次的最大过程风速和平均过程风速（图 6–15a），这 14 个航次最大过程风速的平均值为 24.8 m/s（风力 10 级），平均过程风速的平均值为 17.4 m/s（风力 8 级）。最大过程风速的航次差异较为明显，方差达到 12.8 m^2/s^2，最大值出现在第 25 次南极科学考察期间（33 m/s，风力 12 级），最小值出现在第 22 次和第 31 次南极

科学考察期间（20 m/s，风力 8 级）；平均过程风速的航次差异相对较小，方差只有 1.1 m^2/s^2，最大值也是出现在第 25 次南极科学考察期间（20.1 m/s），最小值出现在第 31 次南极科学考察期间（16.1 m/s），这主要是由于强过程所占比例在第 25 次南极科学考察期间最高而在第 31 次南极科学考察期间最低所致。最大浪高平均值接近 5 m，最大值出现在第 29 次南极科学考察期间，达到 6.0 m，最小值出现在第 30 次南极科学考察期间，为 4.0 m（图略）。此外还统计了所有的 258 个过程风速的概率分布（图 6-15b），可以看出，有 62.8%（162 次）的气旋影响过程中最大风力在 7 级左右，约有 20%（52 次）的过程最大风力在 8 级风左右，约有 6%（16 次）的过程中最大风力在 10 级及以上，其中有 4 次过程中最大风力达到 11 级及以上，2 次过程最大风力达到 12 级。

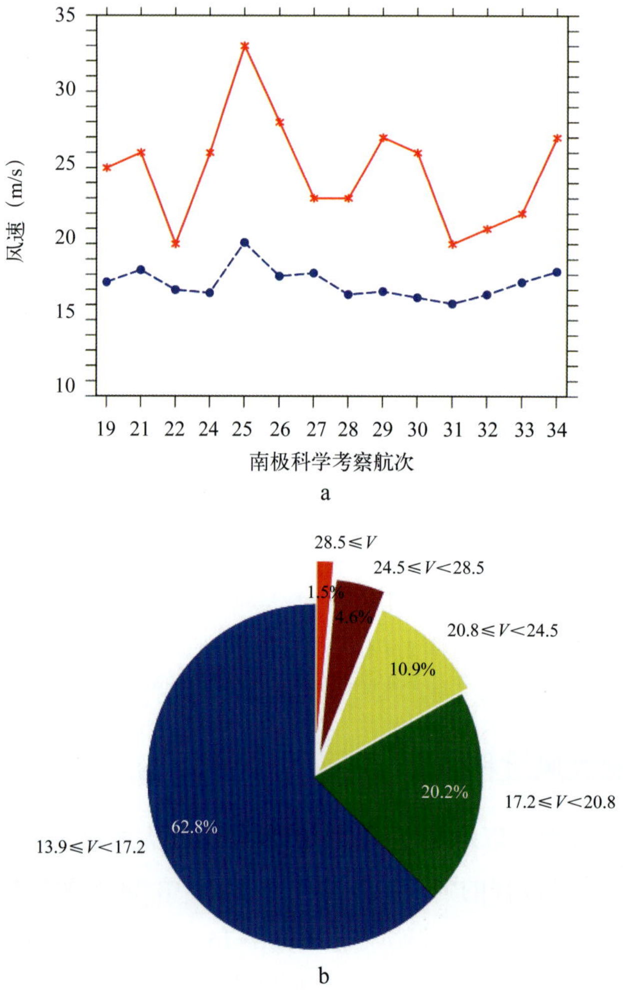

图6-15 气旋大风过程强度（a）序列和（b）分布百分比

a. 红色实线：最大过程风速，单位：m/s；蓝色虚线：平均过程风速，单位：m/s；

b. V表示过程风速，单位：m/s

6.6　气旋对北极科学考察航线影响的统计分析

根据 6.2 给出的判定方法统计得到了我国第 2 ~第 9 次北极科学考察期间出现的气旋大风过程及强过程数量，我国每次北极科学考察航线上均有多次海上温带气旋影响过程，但不是每个航次都有强影响过程出现。图 6-16 给出了第 2 ~第 9 次北极科学考察期间气旋影响过程的统计结果。这 8 个考察航次中气旋影响过程总计 48 次，平均每个航次 6 次，可见我国北极科学考察航线受气旋影响也较为频繁。但总过程数存在较为明显的航次之间差异，第 8 次北极科学考察期间气旋影响过程最多，高达 11 次，第 9 次北极科学考察期间气旋影响过程最少，仅有 1 次。从强过程出现次数来看，只有第 2 次、第 5 次和第 7 次北极科学考察期间出现了强影响过程，并且数量均为 1 次。

横向比较北极和南极航线气旋影响情况，南极科学考察航线上气旋影响过程总数和强过程数均明显多于北极科学考察航线，去除时段长度因素（南极科学考察中高纬度时段一般为北极科学考察时间长度的 2 倍），南极科学考察航线受气旋影响次数和强过程数仍较北极频繁。

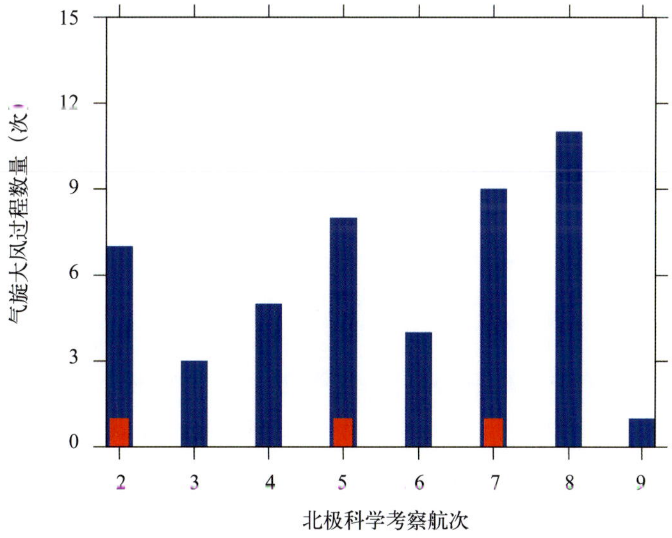

图6-16　第2 ~ 第9次北极科学考察气旋影响过程统计结果

蓝色柱状：总过程次数；红色柱状：强过程次数

统计了第 2 ~第 9 次北极科学考察期间每次气旋影响过程中最大风速出现时的船位，得到气旋影响过程的空间分布图（图 6-17），可以看出，气旋影响过程发生最多的区域位于白令海、白令海峡和楚科奇海一带，其次为日本海以东至鄂霍次克海一带，几次较强的气旋影响过程主要集中在白令海峡和堪察加半岛南部海域两个区域。横向比较北极和南极航线气旋影响分布情况，北极科学考察航线上气旋影响相对集中，而南极科学考察航线上气旋影响分布更为分散。

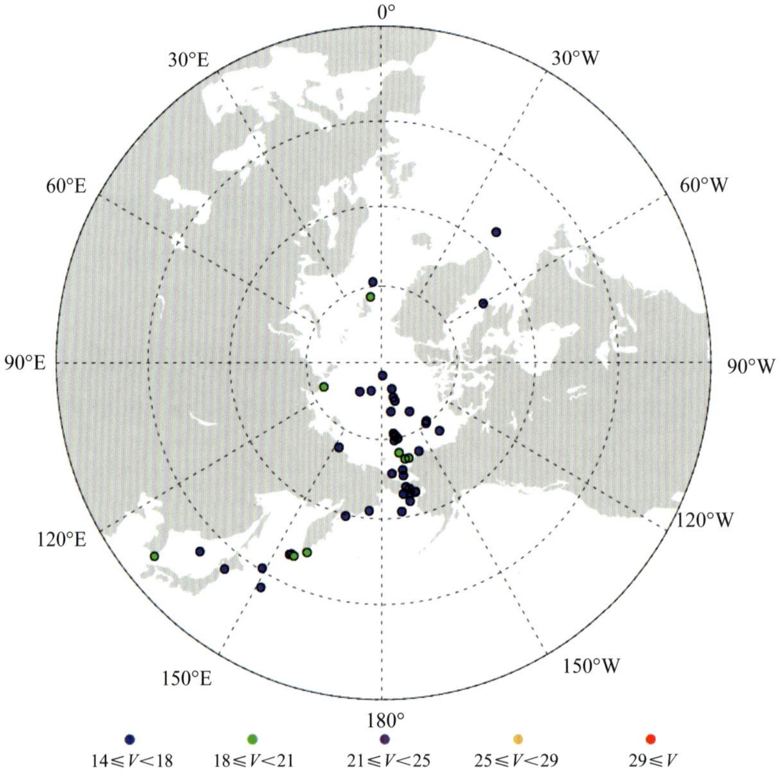

图6-17　第2～第9次北极科学考察气旋影响过程空间分布

*V*表示过程最大风速，单位：m/s

气旋影响强度方面，图 6-18 给出了第 2 ～第 9 次北极科学考察气旋影响最大风浪统计结果，可以看出，这 8 个航次气旋影响最大风速的平均值为 17.9 m/s，即最大风力平均可以达到 8 级，最大浪高平均值接近 3.4 m。最大风速出现在第 2 次、第 5 次和第 7 次北极科学考察期间，均为 20 m/s，最小风速出现在第 9 次北极科学考察期间（16.0 m/s），最大浪高出现在第 7 次北极科学考察期间，达到 4.0 m，最小浪高出现在第 3 次、第 6 次和第 9 次北极科学考察期间，均只有 3.0 m。横向比较北极和南极航线气旋影响情况，南极科学考察航线上气旋影响最大风速和浪高均大于北极科学考察航线，说明南极科学考察航线更容易受到强气旋的影响，气旋带来的气象条件和海况也更为恶劣。

整理了第 2 ~第 9 次北极科学考察期间 48 次气旋影响过程中的最大风速数据的概率分布，（图略），发现有 83.3%（40 次）的气旋影响过程中风速低于 18 m/s，即产生的最大的风力在 7 级左右，约有 16.7%（8 次）的过程最大风力在 8 级风左右，没有大于等于 9 级风的过程出现。与南极科学考察航线的统计结果比较来看，气旋影响北极科学考察航线的过程最大风速更多地集中在 7 级风左右，能到 8 级风左右的过程偏少。

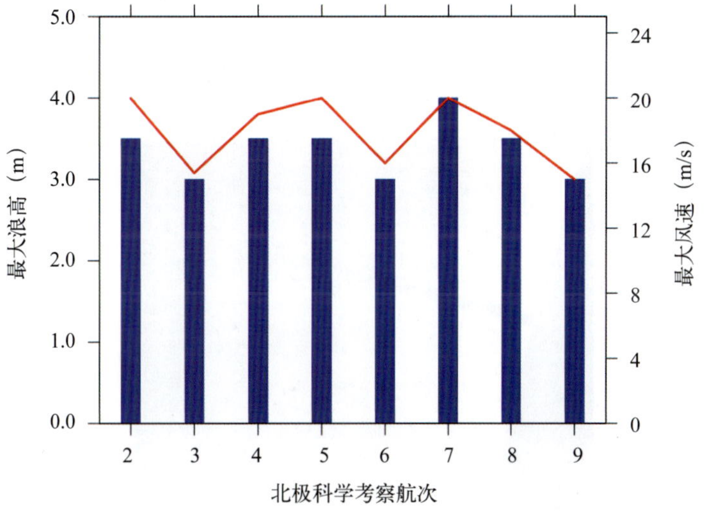

图6-18 第2 ~ 第9次北极科学考察气旋影响最大风浪统计结果

蓝色实线：风速，单位：m/s；柱状图：浪高，单位：m

6.7 气旋影响极地考察航线的典型个例

下面简单给出我国南北极科学考察航线上受气旋影响而出现大风的几次典型过程个例，包括每次过程的气象观测资料、卫星云图和地面实况分析图，并简要分析对航线的影响情况。

图 6-19 给出了第 25 次南极科学考察期间 2008 年 11 月 13—15 日强气旋影响过程一个时次（14 日 12UTC）的卫星云图和地面实况分析图。从图中可以看出，1 月 14 日强气旋中心位于普里兹湾东北部（约 63°S，83°E），气旋强度非常强，中心最低气压 936 hPa，东北侧最大涌浪区浪高超过 8 m。“雪龙”船位于气旋中心北侧的锋后云系内，距离中心 200 余千米，受强气旋影响，所在海域风力从 14 日下午至 15 日傍晚一直维持 11 ~ 12 级，阵风 13 ~ 14 级，伴有强降雪，总体能见度较差，阵风最大达到了 47 m/s。由于“雪龙”号在浮冰区航行，这次强气旋天气过程对航行造成的影响较小。

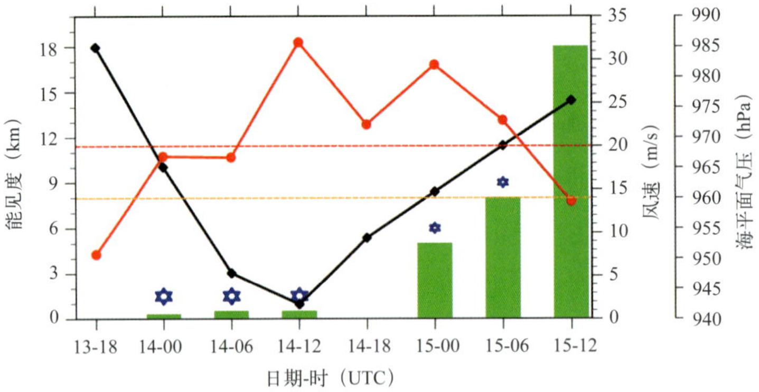

a

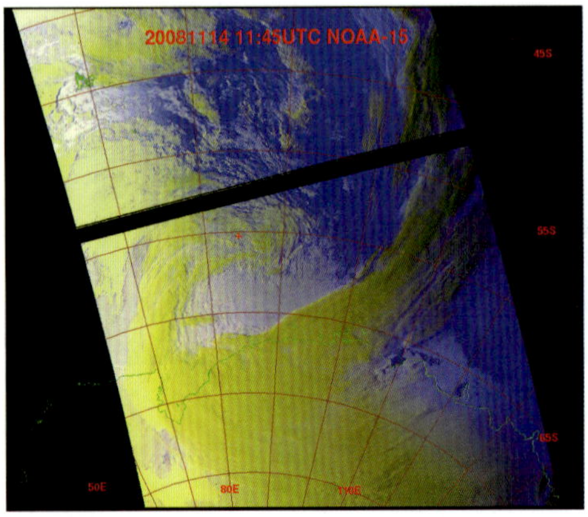

b

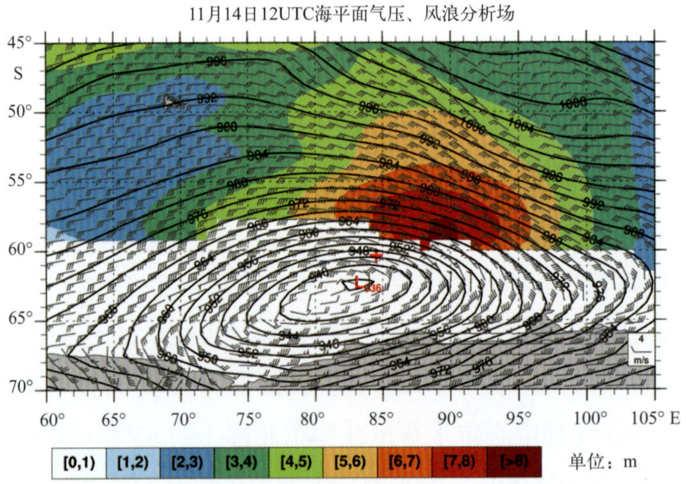

c

图6-19 “雪龙”号2008年11月13—15日走航气象观测序列（a）、14日11 : 45UTC卫星云图（b）和12UTC地面实况分析图（c）

a. 蓝色六角星表示观测时有雪；b. 红色十字代表船位；c. 白色表示海冰覆盖区，红色十字代表船位

图 6-20 给出了第 26 次南极科学考察期间 2010 年 2 月 26—27 日强气旋影响过程一个时次（27 日 00UTC）的卫星云图和地面实况分析图。从图中可以看出，2 月 27 日强气旋中心位于普里兹湾口北部（约 65°S，72°E），气旋强度很强，中心最低气压 954 hPa，北侧至西侧存在大范围浪高超过 8 m 的大涌浪区。“雪龙”船位于气旋中心东南侧的锋面云系内，距离中心约 500 km，受强气旋影响，所在海域出现 10 ~ 11 级的东北大风，在零散浮冰带内浪高仍有 3.5 ~ 4.0 m。

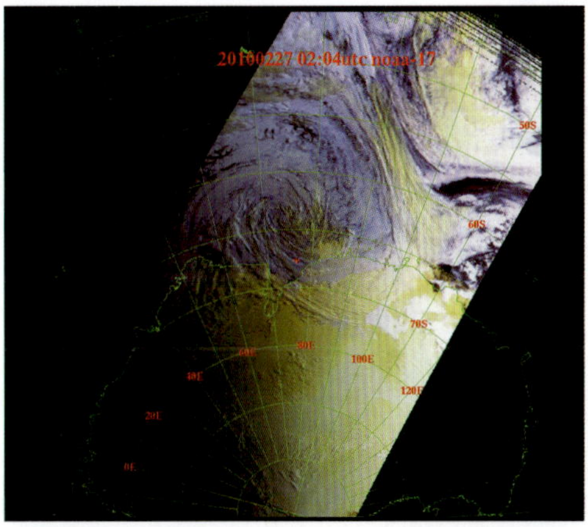

a

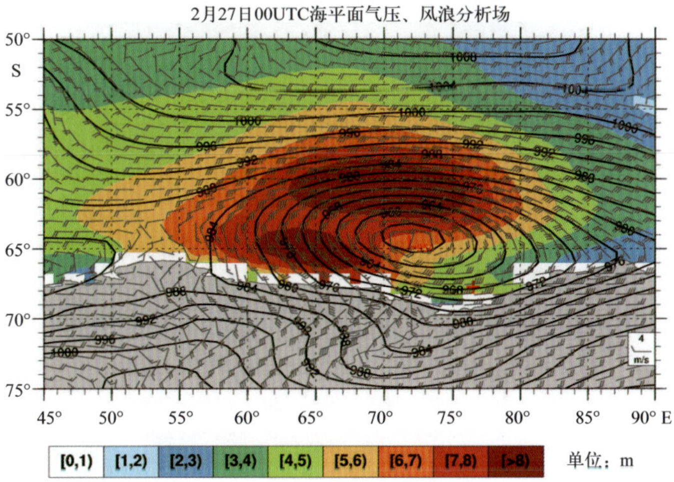

b

图6-20 2010年2月27日02 : 04UTC卫星云图（a）和00UTC地面实况分析图（b）

a和b. 红色十字代表船位；b中白色表示海冰区

图 6-21 给出了第 30 次南极科学考察期间 2014 年 2 月 21—23 日强气旋影响过程一个时次（21 日 06UTC）的卫星云图和地面实况分析图。从图中可以看出，该时刻气旋中心位于约 62°S，42°E 的南大洋洋面上，气旋强度很强，中心最低

气压 954 hPa，气旋东北侧有超过 8 m 的大涌浪区，云系特征显示气旋已进入锢囚阶段，但气旋前部的锋面云系范围宽广且清晰密实。“雪龙”船此时距离气旋中心接近 600 km，正位于气旋前部的锋面云系内，同时由于南侧极地高压较强，与气旋之间形成一个很强的梯度风带，锋面云系及强梯度风的共同作用使得“雪龙”船所在海域出现 9 ~ 10 级阵风 11 级的东—东北大风，“雪龙”船躲进浮冰区进行避风，但气旋引起的大涌浪使得浮冰区内仍出现 3.5 ~ 4.0 m 的浪高，船舶在冰区内仍摇晃明显。

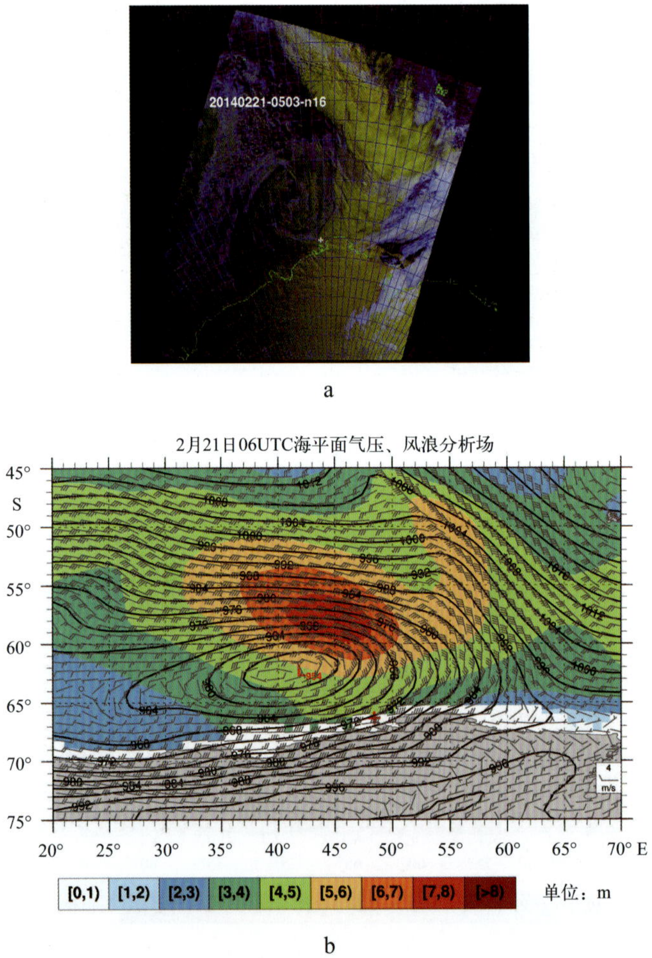

a

b

图6-21　2014年2月21日05 : 03UTC卫星云图（a）和06UTC地面实况分析图（b）

a和b. 红色十字代表船位；b中白色表示海冰区

图 6-22 给出了第 2 次北极科学考察期间 2003 年 9 月 8—10 日强气旋影响考察航线的一个时次（9 日 00UTC）的卫星云图和地面实况分析图。对此次强气旋过程已有不少研究分析：孙兰涛等（2006）对这次个例进行了整体描述，并指出

这次过程是北极环流型季节转换的一次典型极涡影响过程；隋翠娟等（2009）对该极涡形成和发展过程期间的平流层、对流层特征进行了详细的分析，指出该过程典型地表现出极地冬夏环流型的转换过程，首先在平流层发生，然后向对流层传播。从图 6–22 中可以看出，该时刻气旋中心位于约 78°N，165°W 的北冰洋洋面上，气旋强度较强，中心最低气压为 976 hPa，气旋云系范围宽广，整个外围锋面云系大约从 82°N 伸展至 62°N，云系结构清晰密实，已形成明显的逆时针涡旋云系，表明该时刻气旋已处于发展强盛阶段，即将进入锢囚阶段。“雪龙”船此时位于气旋后部，距离气旋中心接近 700 km，正位于气旋中心南侧风浪最大的区域。此时“雪龙”船处于完成科考作业返航途中，刚驶出楚科奇海浮冰区进入清水区，受气旋影响“雪龙”船所在海域出现 8 ～ 9 级的偏西风，浪高 3.5 ～ 4.0 m。

a

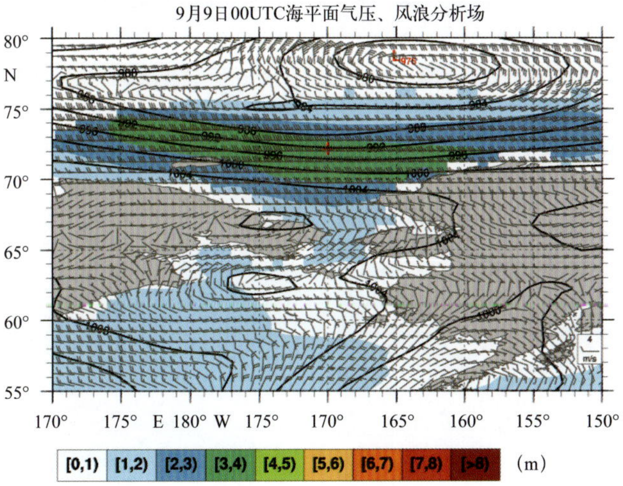

b

图6–22　2003年9月8日23 : 35UTC卫星云图（a）和9日00UTC地面实况分析图（b）

a和b. 红色十字代表船位；b中白色表示海冰区

图 6-23 给出了第 7 次北极科学考察期间 2016 年 9 月 12—14 日气旋影响过程的地面实况分析图。9 月 11 日，“雪龙”船完成所有科考任务后开始返航，此时北半球西风带中有一个气旋将从堪察加半岛附近东移进入北太平洋并迅速发展加强，受其影响“雪龙”船原计划返航线路上将出现很大的风浪。基于这种情况，“雪龙”船根据随船气象预报员的建议尽早尽快地向西航行至堪察加半岛沿岸，并在近岸南下，这样使气旋产生的大风和涌浪对船的影响降到最低。12—13 日，“雪龙”船自气旋北部行驶至西部，期间持续受到较强气旋产生的大风浪影响，12 日 6 : 30UTC 后出现东北风 6 ~ 7 级，浪高 2.5 m 左右（图 6-23a）。13 日随着逐渐驶至气旋西部，风向逐渐转为偏北风和西北风，13 日 06-15UTC 期间受气旋后部强梯度风影响出现 8 ~ 9 级的西北风，1 min 阵风最大达到 24.0 m/s，由于其是离岸风，产生的浪高约在 3.5 ~ 4.0 m，且以波长和周期较短的风浪为主，对“雪龙”船航行影响较小（图 6-23b、c）。14 日 00UTC，随着气旋的远离，风力减小至 6 级左右，浪高减小至 2.0 m 左右，本次过程趋于结束（图 6-23d）。

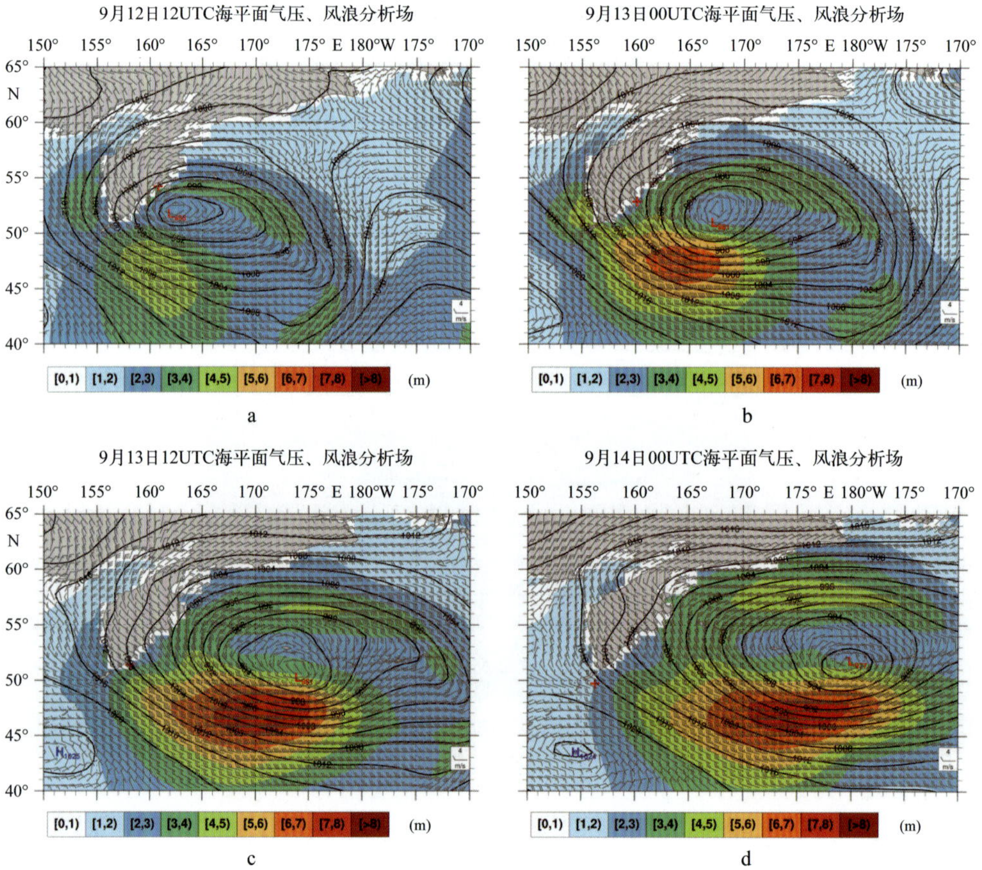

图6-23　2016年9月12—14日地面实况分析图

a. 12日12UTC；b. 13日00UTC；c. 13日12UTC；d. 14日00UTC；红色十字代表船位

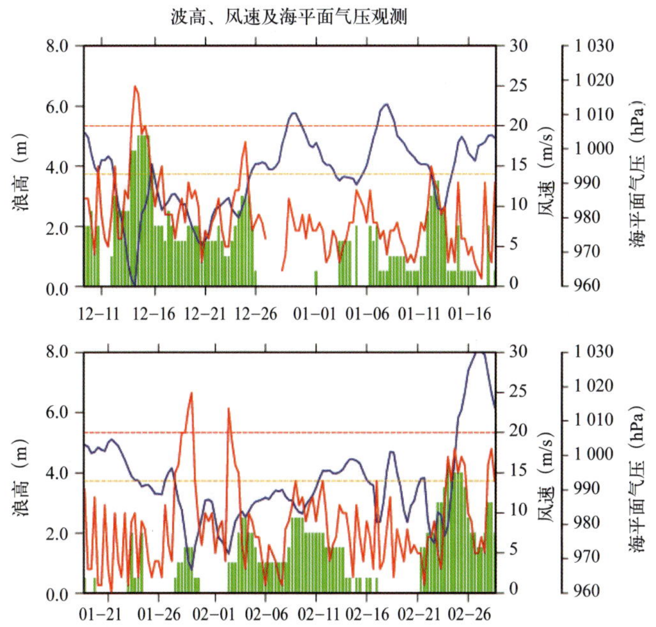

图6-24 第19次南极科学考察30°S以南正点走航气象观测结果

绿色柱状：浪高，单位：m；红色实线：风速，单位：m/s；蓝色实线：海平面气压，单位：hPa；黄色和红色虚线分别表示14 m/s和20 m/s

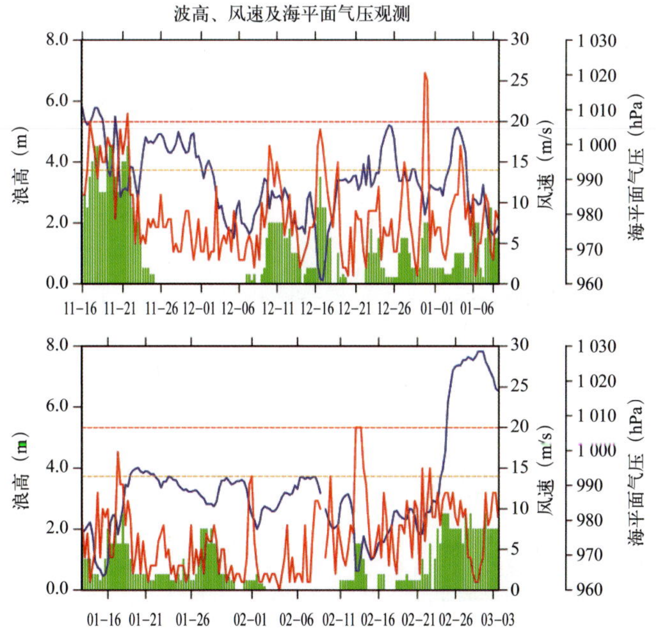

图6-25 第21次南极科学考察30°S以南正点走航气象观测结果

绿色柱状：浪高，单位：m；红色实线：风速，单位：m/s；蓝色实线：海平面气压，单位：hPa；黄色和红色虚线分别表示14 m/s和20 m/s

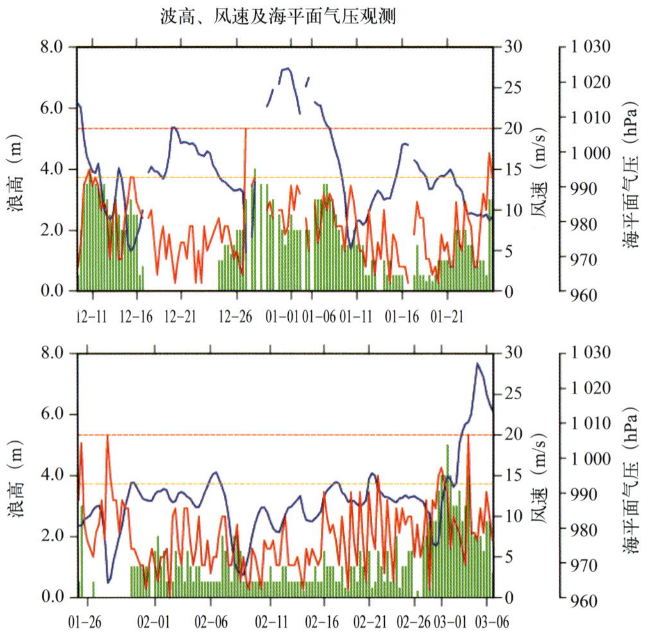

图6-26　第22次南极科学考察30°S以南正点走航气象观测结果

绿色柱状：浪高，单位：m；红色实线：风速，单位：m/s；蓝色实线：海平面气压，单位：hPa；黄色和红色虚线分别表示14 m/s和20 m/s

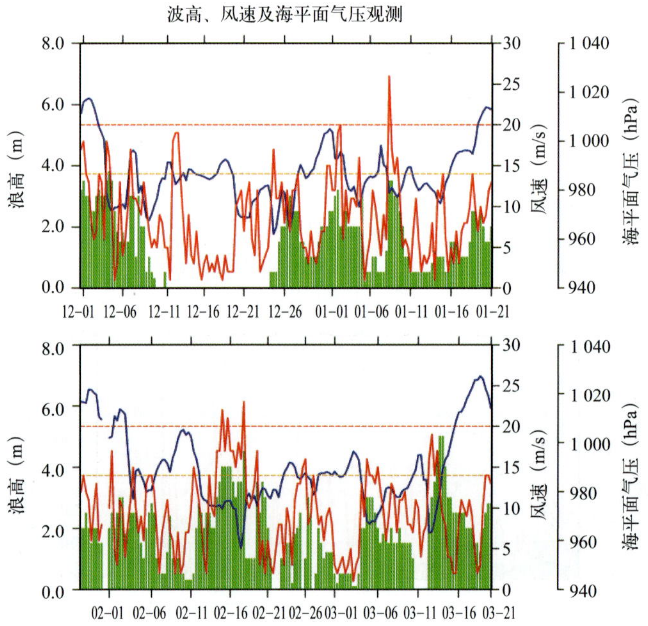

图6-27　第24次南极科学考察30°S以南正点走航气象观测结果

绿色柱状：浪高，单位：m；红色实线：风速，单位：m/s；蓝色实线：海平面气压，单位：hPa；黄色和红色虚线分别表示14 m/s和20 m/s

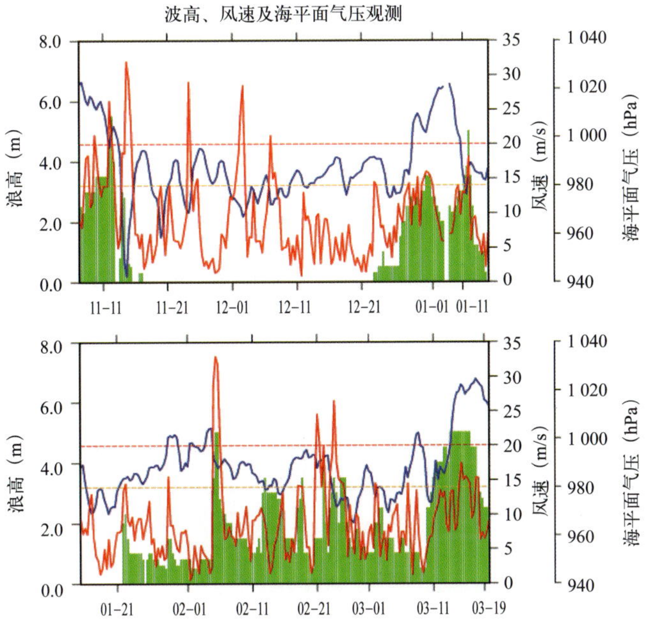

图6-28　第25次南极科学考察30°S以南正点走航气象观测结果

绿色柱状：浪高，单位：m；红色实线：风速，单位：m/s；蓝色实线：海平面气压，单位：hPa；黄色和红色虚线分别表示14 m/s和20 m/s

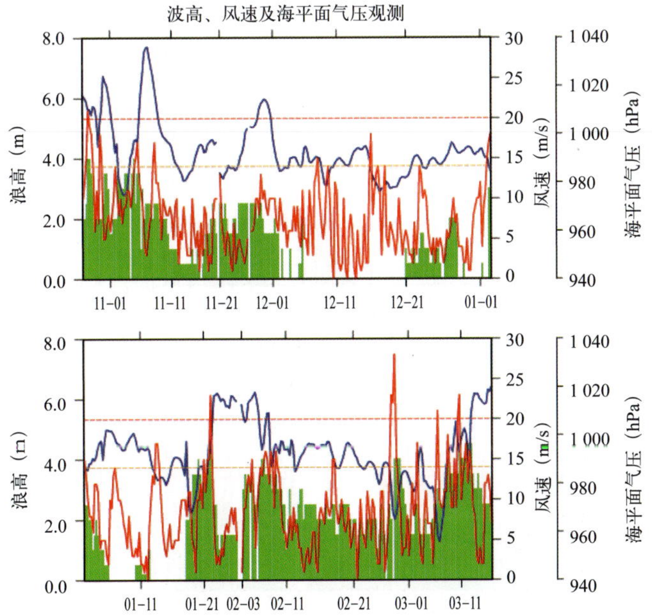

图6-29　第26次南极科学考察30°S以南正点走航气象观测结果

绿色柱状：浪高，单位：m；红色实线：风速，单位：m/s；蓝色实线：海平面气压，单位：hPa；黄色和红色虚线分别表示14 m/s和20 m/s

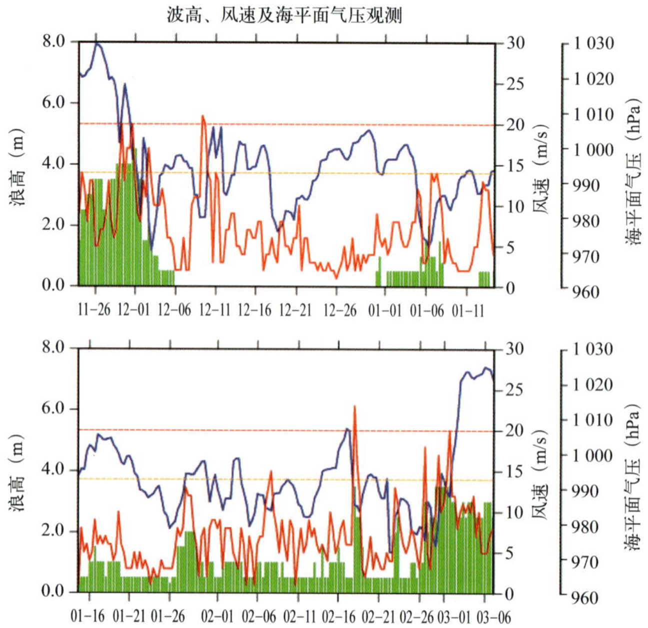

图6-30　第27次南极科学考察30°S以南正点走航气象观测结果

绿色柱状：浪高，单位：m；红色实线：风速，单位：m/s；蓝色实线：海平面气压，单位：hPa；黄色和红色虚线分别表示14 m/s和20 m/s

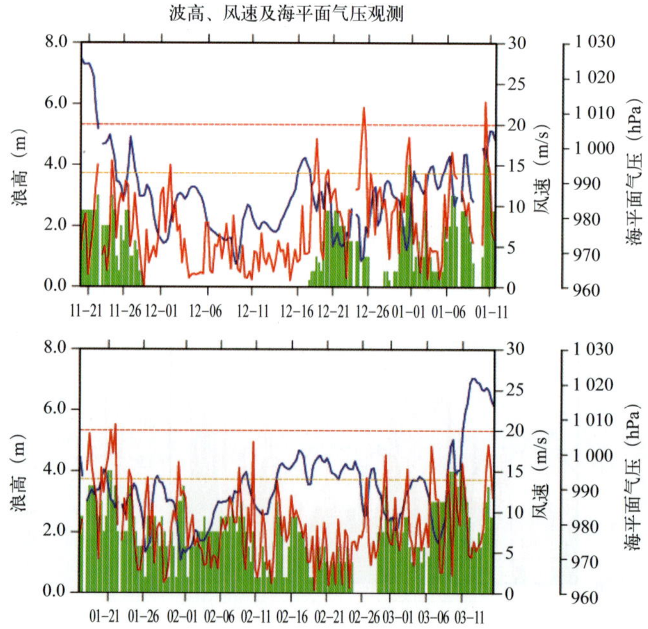

图6-31　第28次南极科学考察30°S以南正点走航气象观测结果

绿色柱状：浪高，单位：m；红色实线：风速，单位：m/s；蓝色实线：海平面气压，单位：hPa；黄色和红色虚线分别表示14 m/s和20 m/s

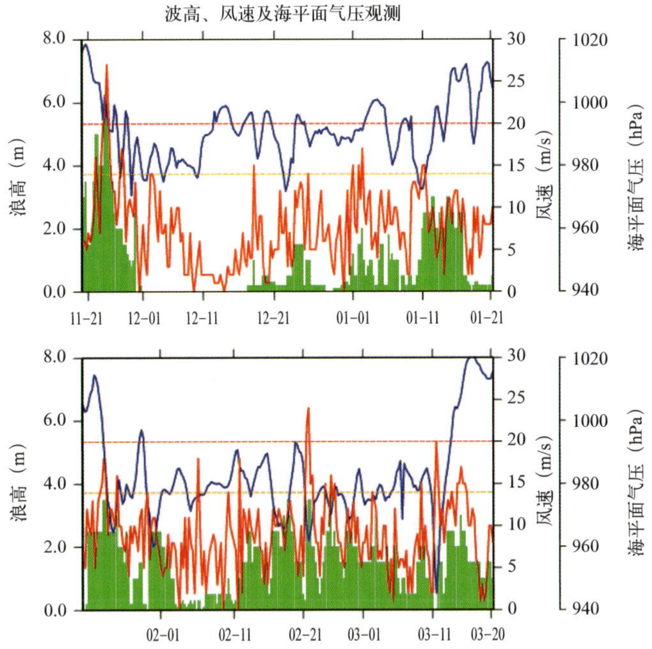

图6-32　第29次南极科学考察30°S以南正点走航气象观测结果

绿色柱状：浪高，单位：m；红色实线：风速，单位：m/s；蓝色实线：海平面气压，单位：hPa；
黄色和红色虚线分别表示14 m/s和20 m/s

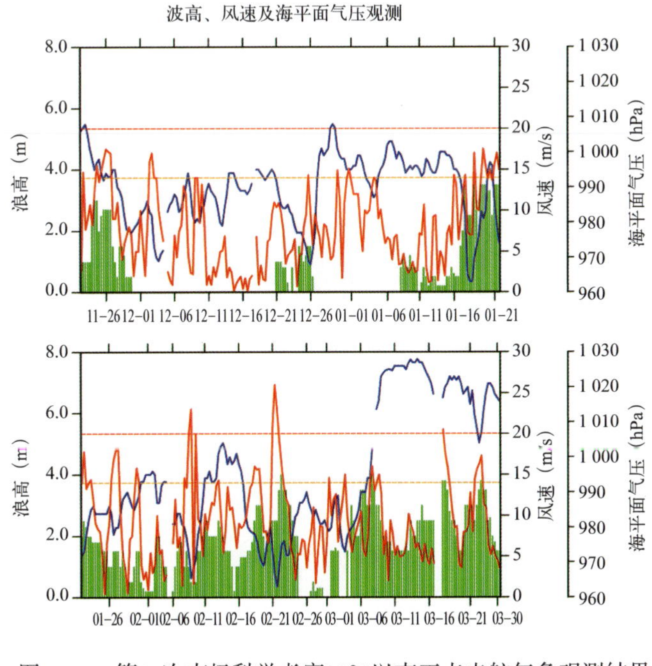

图6-33　第30次南极科学考察30°S以南正点走航气象观测结果

绿色柱状：浪高，单位：m；红色实线：风速，单位：m/s；蓝色实线：海平面气压，单位：hPa；
黄色和红色虚线分别表示14 m/s和20 m/s

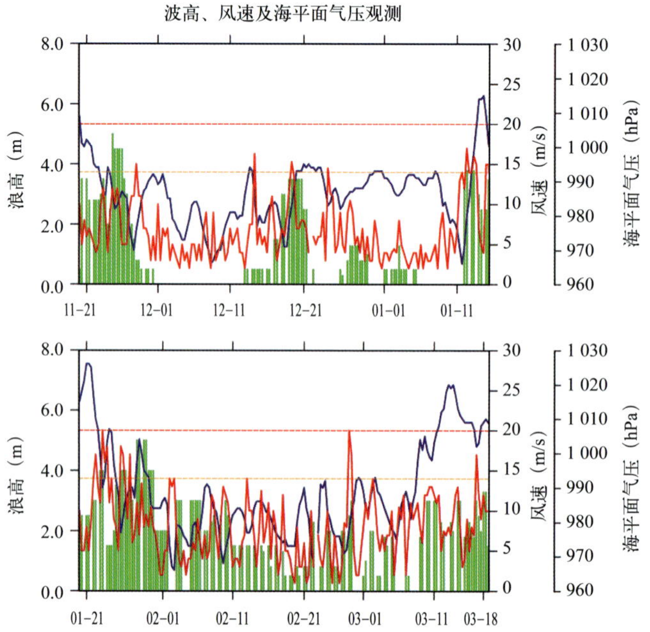

图6-34　第31次南极科学考察30°S以南正点走航气象观测结果

绿色柱状：浪高，单位：m；红色实线：风速，单位：m/s；蓝色实线：海平面气压，单位：hPa；黄色和红色虚线分别表示14 m/s和20 m/s

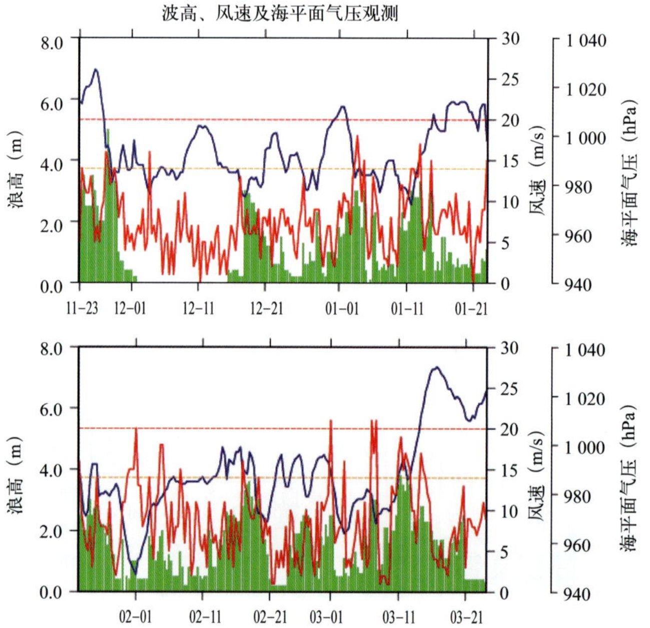

图6-35　第32次南极科学考察30°S以南正点走航气象观测结果

绿色柱状：浪高，单位：m；红色实线：风速，单位：m/s；蓝色实线：海平面气压，单位：hPa；黄色和红色虚线分别表示14 m/s和20 m/s

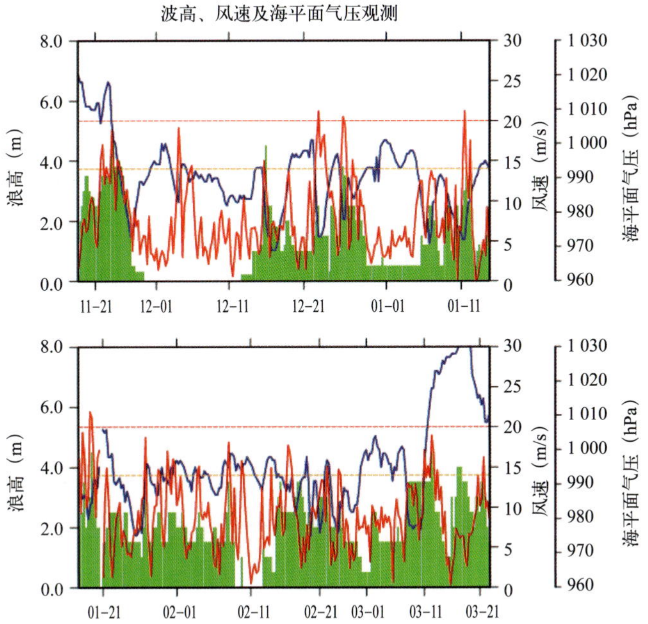

图6-36 第33次南极科学考察30°S以南正点走航气象观测结果

绿色柱状：浪高，单位：m；红色实线：风速，单位：m/s；蓝色实线：海平面气压，单位：hPa；黄色和红色虚线分别表示14 m/s和20 m/s

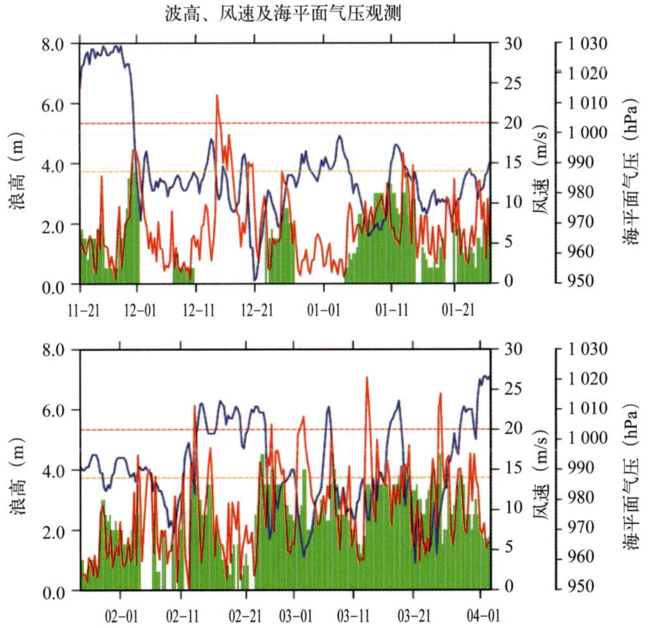

图6-37 第34次南极科学考察30°S以南正点走航气象观测结果

绿色柱状：浪高，单位：m；红色实线：风速，单位：m/s；蓝色实线：海平面气压，单位：hPa；黄色和红色虚线分别表示14 m/s和20 m/s

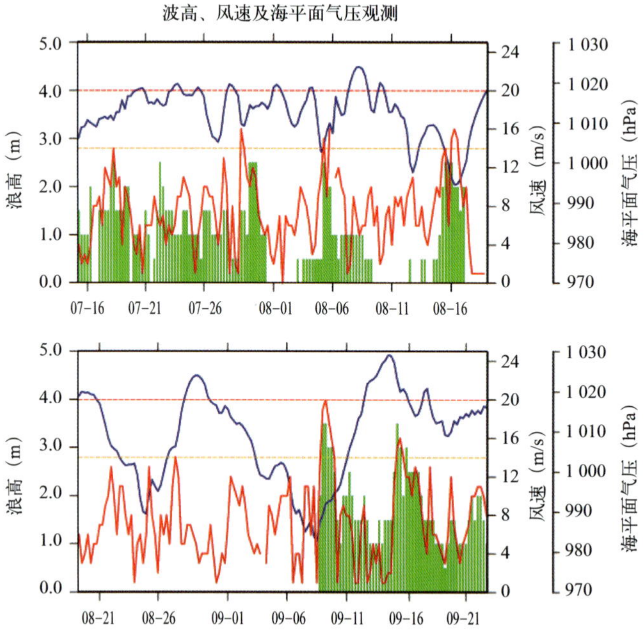

图6-38　第2次北极科学考察正点走航气象观测结果

绿色柱状：浪高，单位：m；红色实线：风速，单位：m/s；蓝色实线：海平面气压，单位：hPa；黄色和红色虚线分别表示14 m/s和20 m/s

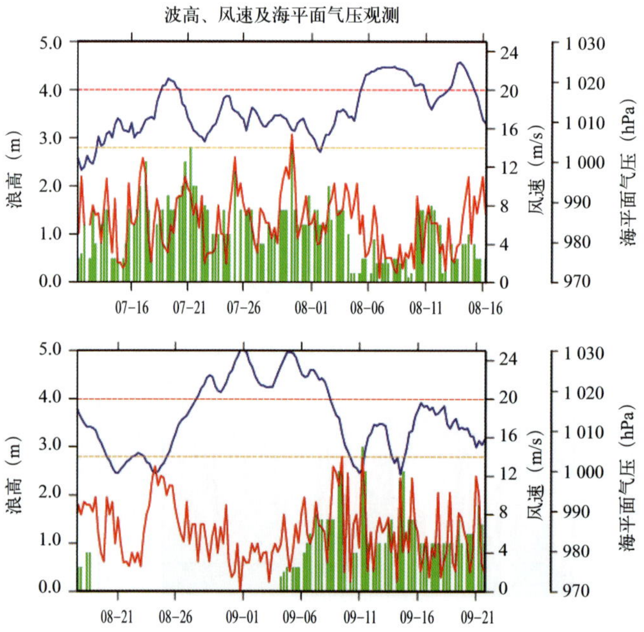

图6-39　第3次北极科学考察正点走航气象观测结果

绿色柱状：浪高，单位：m；红色实线：风速，单位：m/s；蓝色实线：海平面气压，单位：hPa；黄色和红色虚线分别表示14 m/s和20 m/s

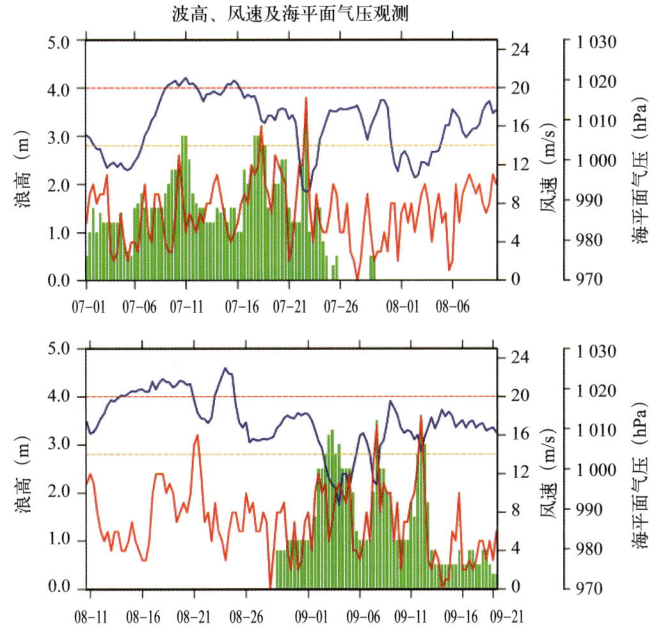

图6-40 第4次北极科学考察正点走航气象观测结果

绿色柱状：浪高，单位：m；红色实线：风速，单位：m/s；蓝色实线：海平面气压，单位：hPa；黄色和红色虚线分别表示14 m/s和20 m/s

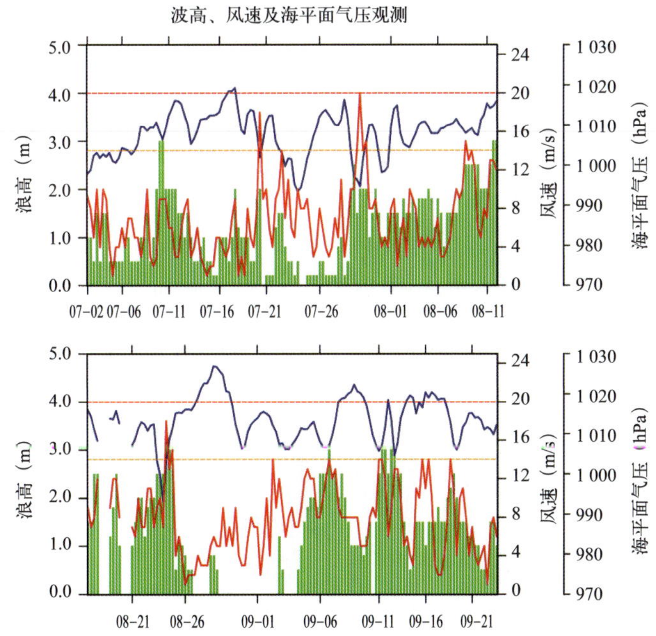

图6-41 第5次北极科学考察正点走航气象观测结果

绿色柱状：浪高，单位：m；红色实线：风速，单位：m/s；蓝色实线：海平面气压，单位：hPa；黄色和红色虚线分别表示14 m/s和20 m/s

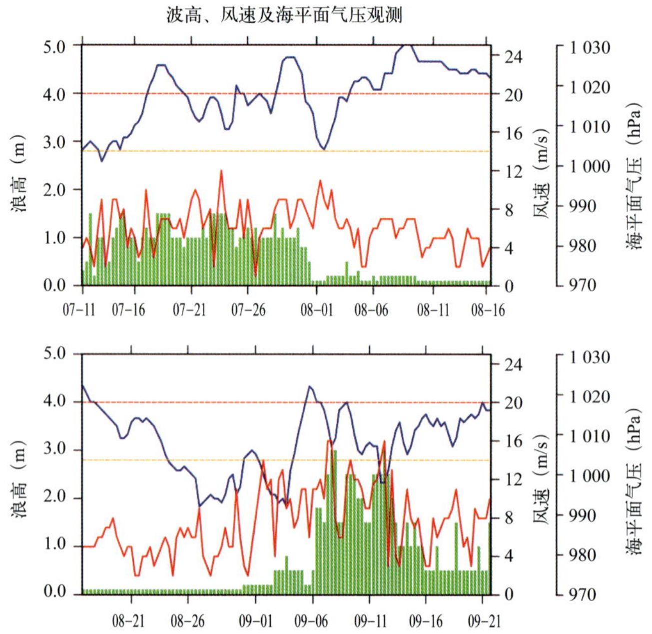

图6-42 第6次北极科学考察正点走航气象观测结果

绿色柱状：浪高，单位：m；红色实线：风速，单位：m/s；蓝色实线：海平面气压，单位：hPa；黄色和红色虚线分别表示14 m/s和20 m/s

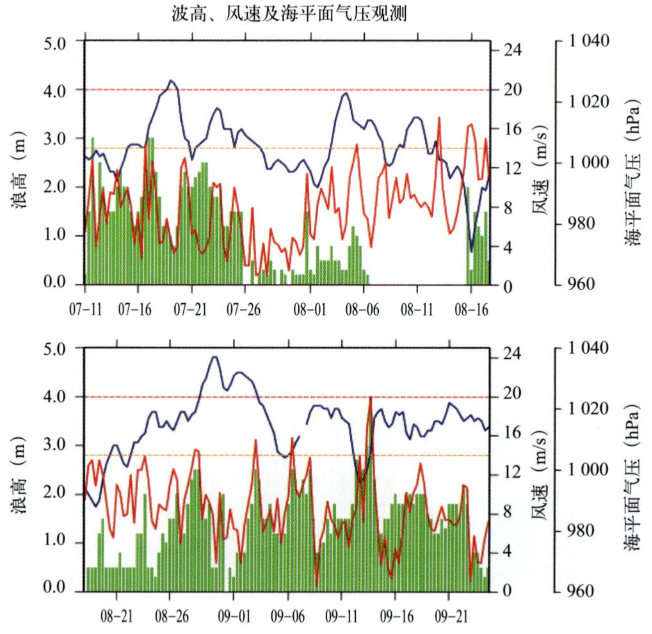

图6-43 第7次北极科学考察正点走航气象观测结果

绿色柱状：浪高，单位：m；红色实线：风速，单位：m/s；蓝色实线：海平面气压，单位：hPa；黄色和红色虚线分别表示14 m/s和20 m/s

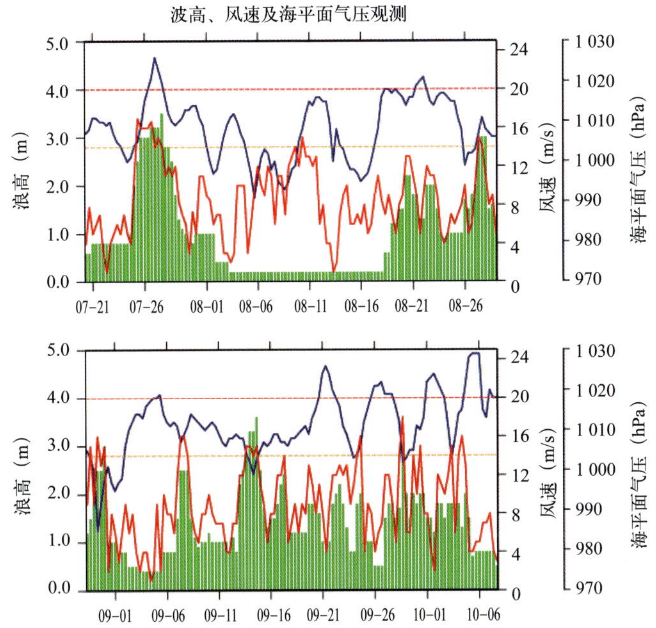

图6-44 第8次北极科学考察正点走航气象观测结果

绿色柱状：浪高，单位：m；红色实线：风速，单位：m/s；蓝色实线：海平面气压，单位：hPa；黄色和红色虚线分别表示14 m/s和20 m/s

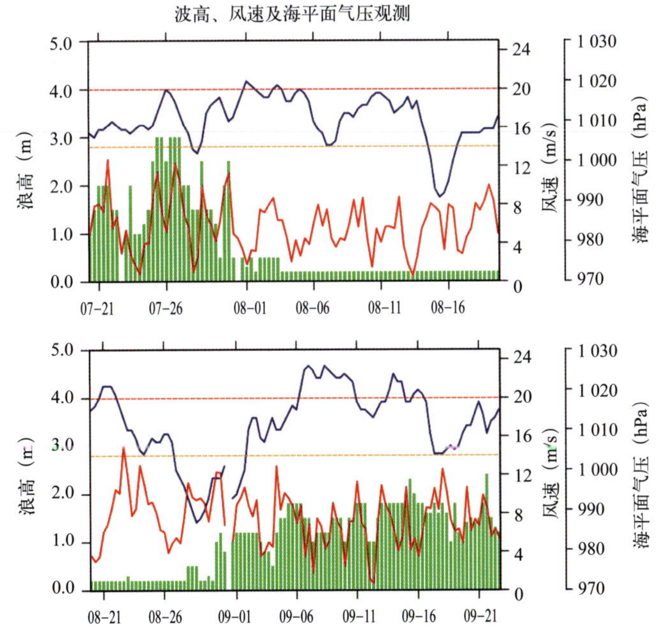

图6-45 第9次北极科学考察正点走航气象观测结果

绿色柱状：浪高，单位：m；红色实线：风速，单位：m/s；蓝色实线：海平面气压，单位：hPa；黄色和红色虚线分别表示14 m/s和20 m/s

参考文献

陈锦年，乐肯堂，贾传明，等. 2000. 南半球气旋发生频数的变化及其与赤道东太平洋水温和南方涛动的关系 [J]. 海洋学报（中文版），3: 86–93.

陈善敏，张遴煜，逯昌贵. 1989. 西南极地区极地气旋路径的统计分析 [J]. 气象科学研究院院刊，4(2): 150–155.

丁一汇 .2005. 高等天气学 . 北京：气象出版社，174–187.

傅刚，郝燕，刘娜，等. 2007. 2004 年 11 月南大洋上一对气旋的结构分析 [J]. 海洋学报，29(6): 15–22.

耿淑琴，蔡琳. 2004. 第十九次南极考察期间的航线天气及预报 [J]. 海洋预报，21(2): 37–43.

郭进修. 1991. 东南极普里兹湾 1990 年 1—2 月大风过程与气旋和锋面活动分析 [J]. 南极研究，3(1):39–46.

国家海洋环境预报中心. 2008. 极地考察海洋气象论文集 [C]. 北京：海洋出版社.

胡胜利. 1995. 南极考察航线选择和灾害性天气系统 [J]. 海洋预报，12(2): 74–78.

胡胜利. 2004. 长城站极地气旋与暴风雪天气 [J]. 海洋预报，21(4): 35–39.

解思梅，郝春江，梅山，等. 2002. 南极普里兹湾气旋的生消发展 [J]. 海洋学报，24(6): 11–19.

刘娜，傅刚，郭敬天，等. 2007. 南大洋夏季气旋的统计特征 [J]. 中国海洋大学学报（自然科学版），(04): 517–524.

秦听，魏立新，李理. 2017. 我国南极科考站附近气旋的特征分析 [J]. 海洋学报，39(5): 44–60.

秦听，魏立新，刘健，等. 2019. 南极阿蒙森海域气象和海况特征分析 [J]. 极地研究，31(2): 144–156.

秦听，魏立新. 2015. 中国近海温带气旋的时空变化特征 [J]. 海洋学报，(01):43–52.

秦听. 2014. 南大洋气旋气候特征及其与 AAO、ENSO 等的关系研究 [D]. 国家海洋环境预报中心.

秦曾灏，李永平，黄立文. 2002. 中国近海和西太平洋温带气旋的气候学研究. 海洋学报. 3: 105–111.

隋翠娟，孙兰涛，孟上，等. 2010. 2003 年北极科考期间一次极涡个例天气学分析 [J]. 海洋学报, 32(4): 51–61.

孙兰涛, 吴辉碇, 李响. 2006. 对北极极涡的认识 [J]. 极地研究, 18(1):52–62.

孙虎林, 秦听, 魏立新, 等. 2020. 中国南极考察航线上气旋大风过程统计分析 [J]. 海洋学报, 42(1): 54–66.

王景毅, 谭燕燕. 1990. 南极南大洋夏季气旋爆发性发展的观测实例及分析 [J]. 海洋学报, 12(2): 251–256.

王祥涛, 赵强. 2010. 从第 25 次南极科考论穿越西风带航线选择 [J]. 极地研究, 22(2): 199–210.

王新敏, 邹旭恺, 翟盘茂. 2007. 北半球温带气旋的变化 [J]. 气候变化研究进展. (03): 154–157.

县彦宗, 魏立新, 张海影, 等. 2009. 第三次北极考察航线气象状况及预报_县彦宗 [J]. 海洋预报, 26(4): 53–60.

姚素香, 张耀存, 周天军. 2003. 近 50a 春季东亚温带气旋活动频数的气候特征及其变化 [J]. 南京气象学院学报, 26 (3): 317–323.

周越, 夏兰. 2017. 江淮气旋气候学特征的统计研究 [J]. 气象与环境科学, 040(003): 85–91.

Blackmon M L. 1976. A climatological spectral study of the 500 mb geopotential height of the Northern Hemisphere[J]. Journal of the Atmospheric Sciences, 33(8): 1607–1623.

Blender R, Fraedrich K, Lunkeit F. 1997. Identification of cyclone-track regimes in the North Atlantic[J]. Quarterly Journal of the Royal Meteorological Society, 123(539): 727–741.

Comiso J C, Parkinson C L, Gersten R, et al, 2008. Accelerated decline in the arctic sea ice cover[J]. Geophysical Research Letters,35(1): 179–210.

Fogt R L, Perlwitz J, Monaghan A J, et al. 2009. Historical SAM variability:Part II: Twentieth-century variability and trends from reconstructions, observations, and the IPCC AR4 models[J]. Journal of Climate, 22(20): 5346–5365.

Geng Q, Sugi M. 2001. Variability of the North Atlantic cyclone Activity in winter analyzed from NCEP–NCAR reanalysis data[J]. Journal of Climate, 14(18): 795–809.

Gong Daiyi, Wang Shaowu. 1999. Definition of antarctic oscillation index[J]. Geophys Res Lett, 26(4): 459–462.

Gulev S K, Zolina O, Grigoriev S. 2001. Extratropical cyclone variability in the Northern Hemisphere winter from NCEP/NCAR reanalysis data[J]. Climate Dynamics, 17(10):

795–809.

Hodges K I. 1994. A general method for tracking analysis and its application to meteorological data[J]. Monthly Weather Review, 122(11): 2573–2586.

Hodges K I. 1996. Spherical nonparametric estimators applied to the UGAMP model integration for AMIP[J]. Monthly Weather Review, 124(12): 2914–2932.

Jones D A, Simmonds I. 1993. A climatology of Southern Hemisphere extratropical cyclones[J]. Climate Dynamics, 9(3): 131–145.

Julienne C S, Mark C S, Andrew B, et al, 2011. Attribution of recent changes in autumn cyclone associated precipitation in the Arctic[J]. Tellus A, 63:10.1111/tea.2011.63. issue-4: 653–663.

Murray R J, Simmonds I. 1991. A numerical scheme for tracking cyclone centres from digital data:Part I.Development and operation of the scheme[J]. Australian Meteorological Magazine, 39(3): 156–166.

Notaro M, Wang W C, Gong W, 2006. Model and observational analysis of the northeast US regional climate and its relationship to the PNA and NAO patterns during early winter[J]. Monthly Weather Review, 134: 3479–3505.

Physick W L. 1981. Winter depression tracks and climatological jet streams in the Southern Hemisphere during the FGGE year[J]. Quarterly Journal of the Royal Meteorological Society, 107(454): 883–898.

Sanders F. 1986. Explosive cyclogenesis in the west-central North Atlantic Ocean, 1981-84. Part I: Composite structure and mean behavior[J]. Monthly weather review, 114(10): 1781–1794.

Serreze M C, Barrett A P. 2008. The summer cyclone maximum over the central Arctic Ocean[J]. Atmosphere-Ocean, 33(1): 1–23

Serreze M C, Barry R G. 1988. Synoptic activity in the Arctic Basin,1979-1985[J]. Journal of Climate, 1: 1276–1295

Serreze M C. 1995. Climatological aspects of cyclone development and decay in the arctic[J]. Atmosphere-Ocean, 33(1): 1–23.

Simmonds I, Burke C, Keay K. 2008. Arctic climate change as manifest in cyclone behaviour[J]. Journal of Climate, 21(22): 5777–5796

Simmonds I, Keay K. 2009. Extraordinary September Arctic sea ice reductions and their relationships with storm behavior over 1979–2008[J]. Geophysical Research Letters, 36(19): 158–168.

Simmonds I, Rudeva I. 2014. A comparison of tracking methods forextreme cyclones in the Arctic Basin[J]. Tellus A, 66, 25252.

Sorteberg A, Walsh J E. 2008. Seasonal cyclone variability at 70°N and its impact on moisture transport into the Arctic[J]. Tellus, 60A:570–586.

Streten N A, Troup A J. 1973. A synoptic climatology of satellite observed cloud vortices over the Southern Hemisphere[J]. Quarterly Journal of the Royal Meteorological Society, 99(419): 56–72.

Stroeve J, Holland M M, Meier W, et al. 2007. Arctic sea ice decline:faster than forecast[J]. Geophysical Research Letters, 34(9): 529–536.

Taljaard J J, van Loon H. 1962. Cyclogenesis, cyclones and anticyclones in the Southern Hemisphere during the winter and spring of 1957[J]. Notos, 11: 3–20.

Taljaard J J. 1967. Development, distribution and movement of cyclones and anticyclones in the Southern Hemisphere during the IGY[J]. Journal of Applied Meteorology, 6(6): 973–987.

Thompson D W J, Solomon S. 2002. Interpretation of recent Southern Hemisphere climate change[J]. Science, 296(5569): 895–899.

Ulbrich U, Christoph M. 1999. A shift of the NAO and increasing storm track activity over Europe due to anthropogenic greenhouse gas forcing[J]. Climate Dynamics, 15(7): 551–559.

Uotila P, Vihma T, Pezza A B, et al. 2011. Relationships between antarctic cyclones and surface conditions as derived from high-resolution numerical weather prediction data[J]. Journal of Geophysical Research: Atmospheres, 116(D7): doi: 10.1029/2010JD015358.

Van Loon H. 1979. The Association between Latitudinal Temperature Gradient and EddyTransport. Part I: Transport of Sensible Heat in Winter[J]. Monthly Weather Review,107(5): 525–534.

Wei Lixin, Qin Ting. 2016. Characteristics of cyclones climatology and variability in the Southern Ocean[J].Acta Oceanologica Sinica, 35 (7): 59–67.

Wendler G, Kodama Y. 2010. On the climate of dome C, antarctica, in relation to its geographical setting[J]. International Journal of Climatology, 4(5).

Woollings T, Gregory J M, Pinto J G, et al. 2012. Response of the North Atlantic storm track to climate change shaped by ocean-atmosphere coupling. Nature Geoscience, 5(5): 313–317.

Yoshida A, Asuma Y. 2004. Structures and environment of explosively developing extratropical cyclones in the northwestern Pacific region. Monthly Weather Review, 132(5): 1121–1142.

Zahn M , Storch H V. 2008. Tracking Polar Lows in CLM[J]. Meteorologische Zeitschrift, 17(4): 445–453.

Zhang X, Walsh J E, Zhang J. 2004. Climatology and interannual variability of Arctic cyclone activity: 1948-2002[J]. Journal of Climate, 17: 2300–2317.

附图 1　北极区域气旋逐年密度分布图

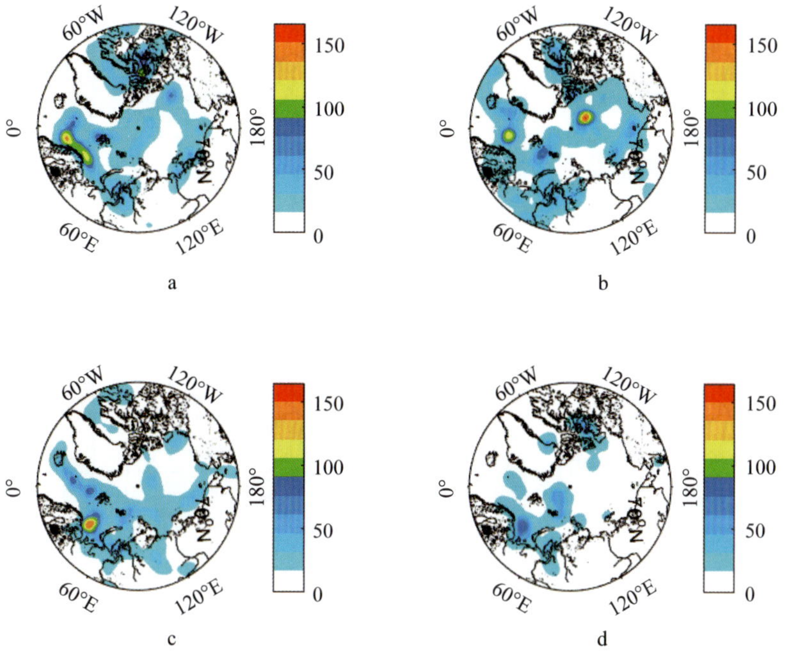

附图1-1　1979年北极区域气旋各季节密度分布

a. 春季；b. 夏季；c. 秋季；d. 冬季

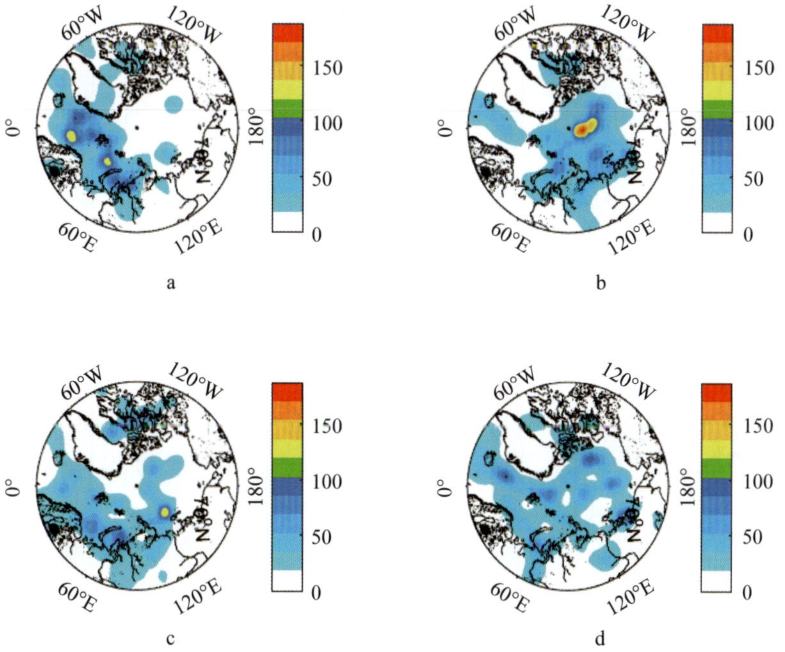

附图1-2　1980年北极区域气旋各季节密度分布

a. 春季；b. 夏季；c. 秋季；d. 冬季

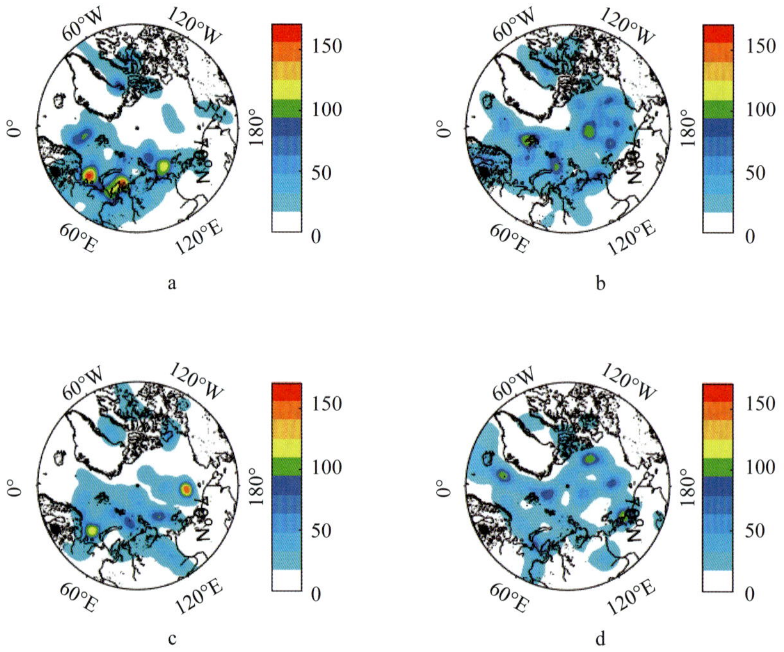

附图1-3　1981年北极区域气旋各季节密度分布。

a. 春季；b. 夏季；c. 秋季；d. 冬季

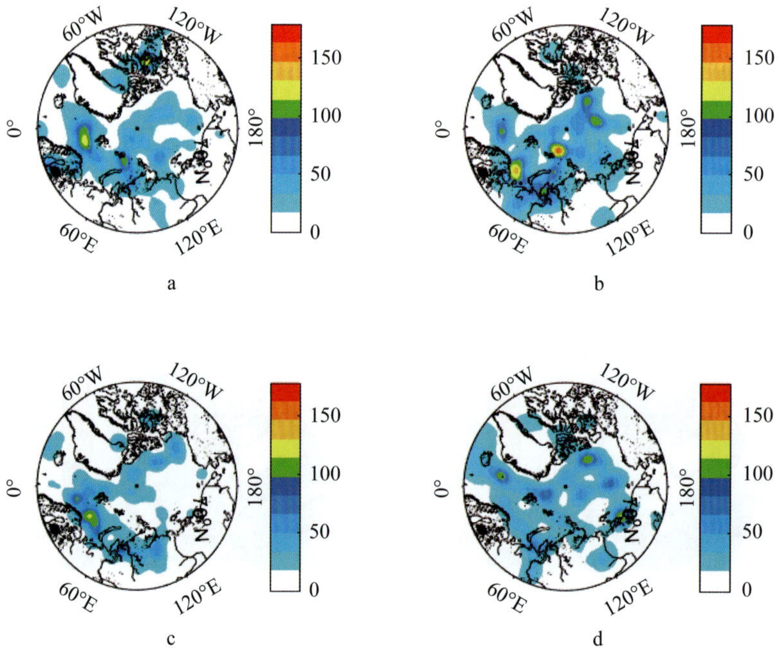

附图1-4　1982年北极区域气旋各季节密度分布

a. 春季；b. 夏季；c. 秋季；d. 冬季

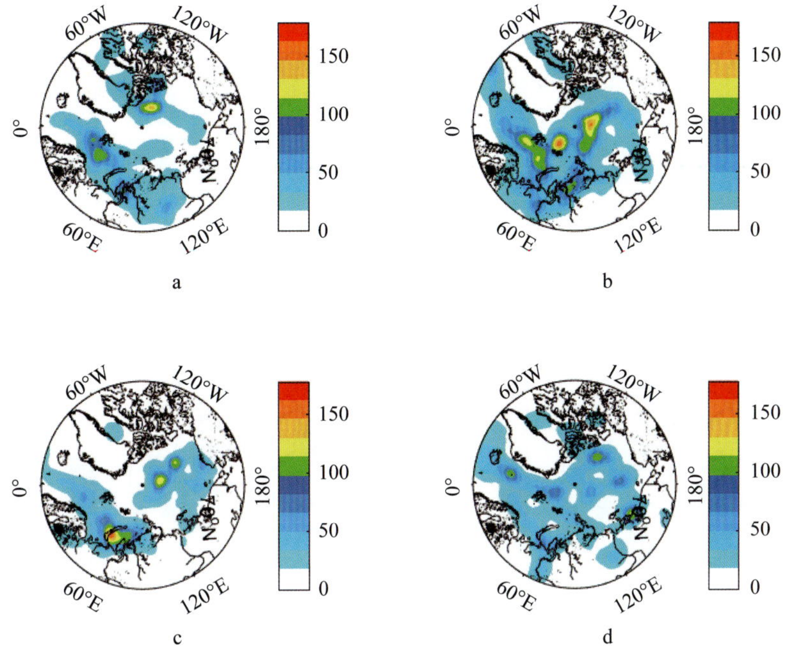

附图1-5　1983年北极区域气旋各季节密度分布

a. 春季；b. 夏季；c. 秋季；d. 冬季

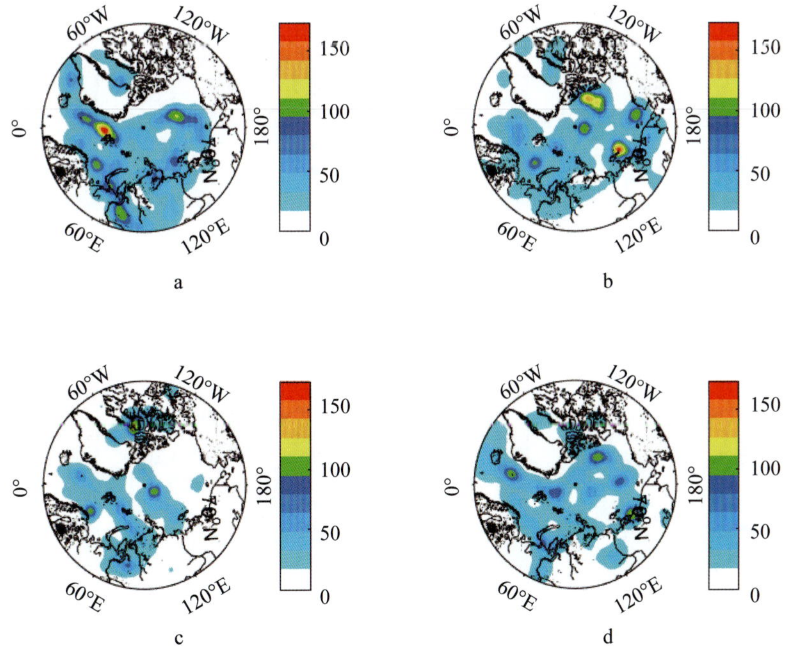

附图1-6　1984年北极区域气旋各季节密度分布

a. 春季；b. 夏季；c. 秋季；d. 冬季

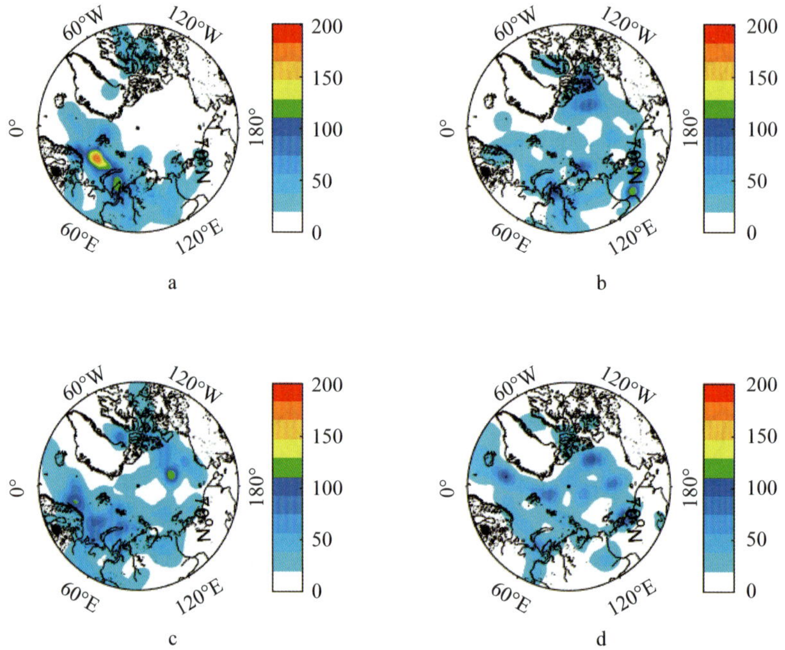

附图1-7　1985年北极区域气旋各季节密度分布

a. 春季；b. 夏季；c. 秋季；d. 冬季

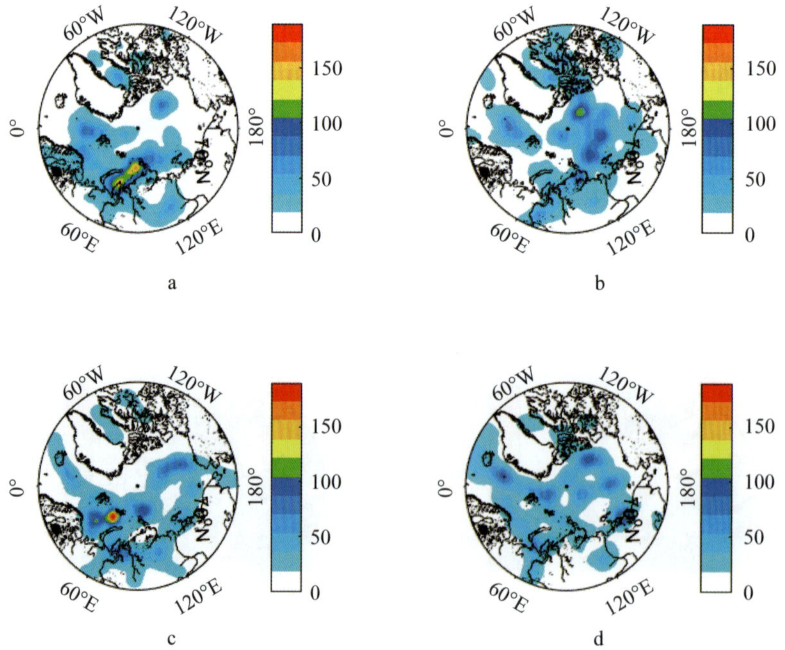

附图1-8　1986年北极区域气旋各季节密度分布

a. 春季；b. 夏季；c. 秋季；d. 冬季

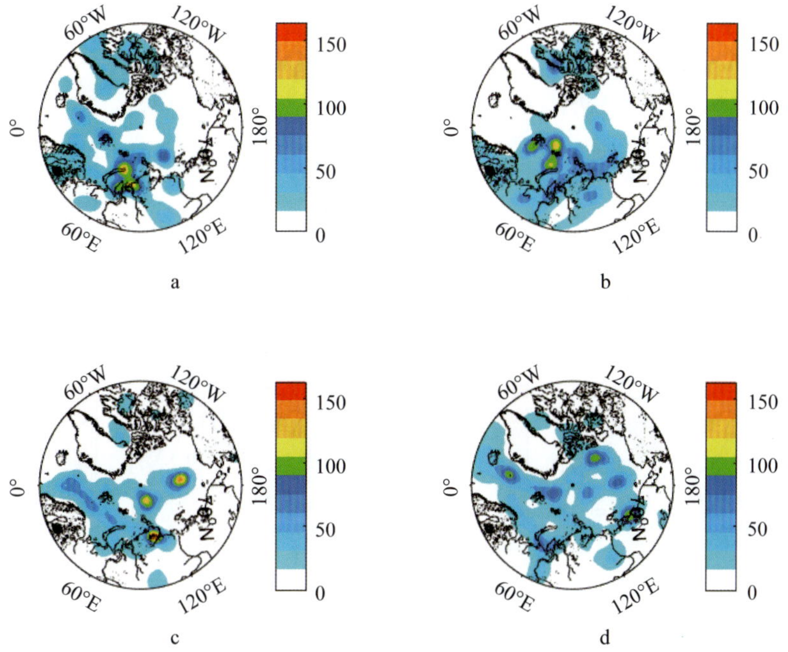

附图1-9　1987年北极区域气旋各季节密度分布

a. 春季；b. 夏季；c. 秋季；d. 冬季

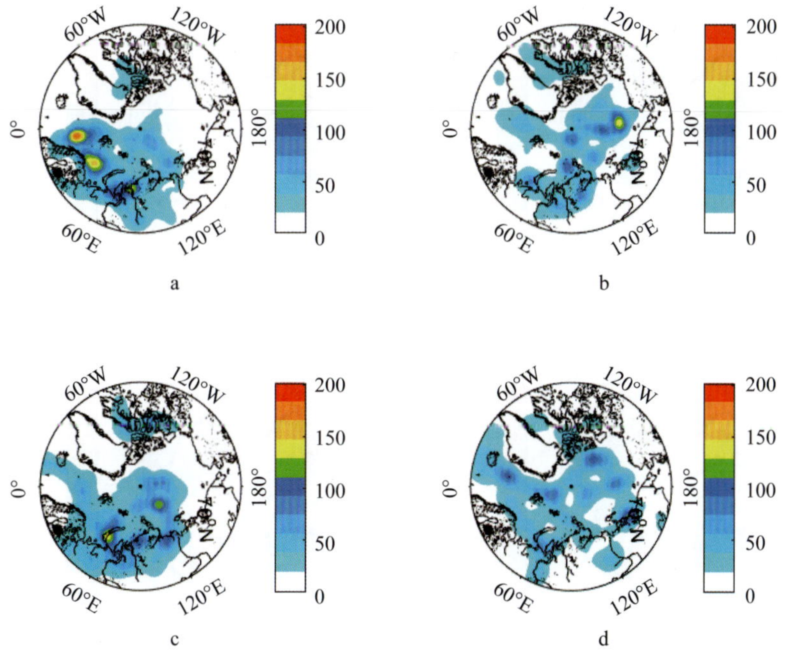

附图1-10　1988年北极区域气旋各季节密度分布

a. 春季；b. 夏季；c. 秋季；d. 冬季

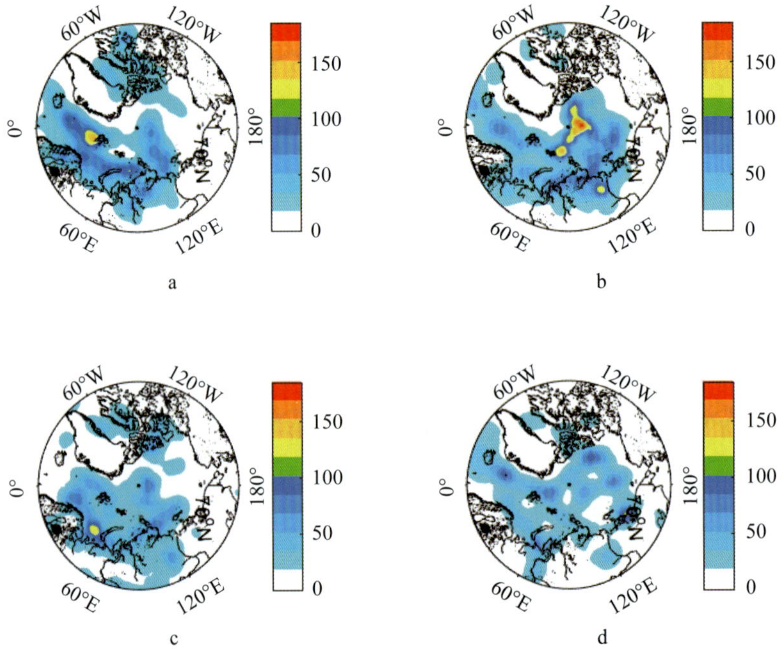

附图1-11　1989年北极区域气旋各季节密度分布

a. 春季；b. 夏季；c. 秋季；d. 冬季

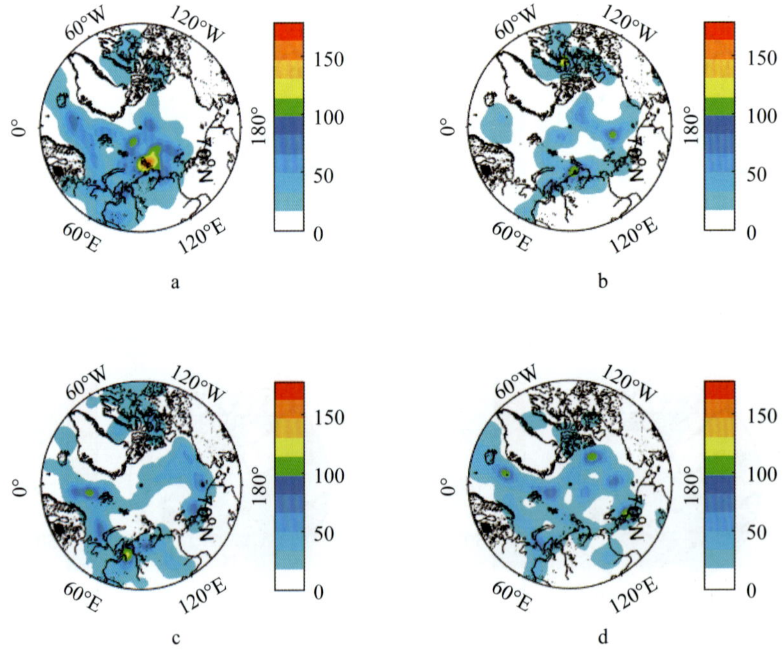

附图1-12　1990年北极区域气旋各季节密度分布

a. 春季；b. 夏季；c. 秋季；d. 冬季

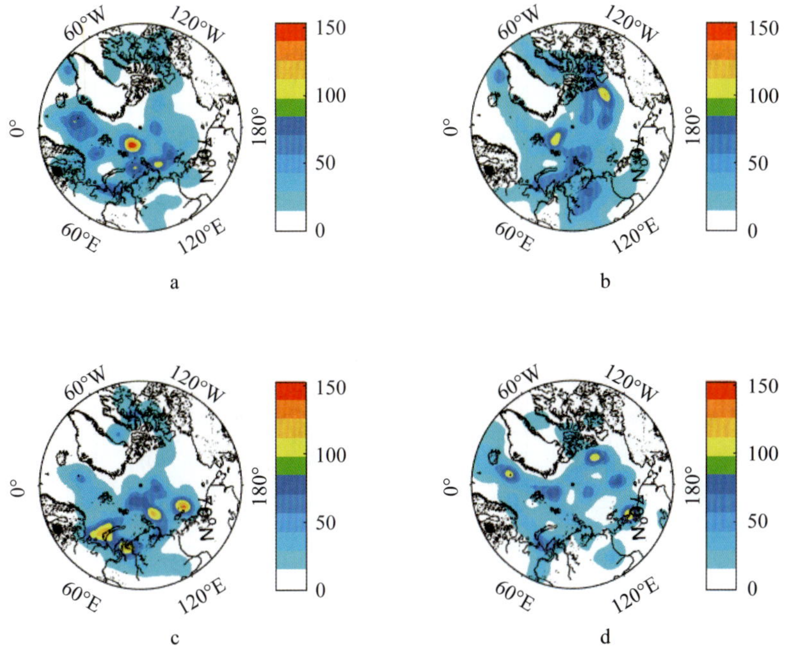

附图1-13　1991年北极区域气旋各季节密度分布

a. 春季；b. 夏季；c. 秋季；d. 冬季

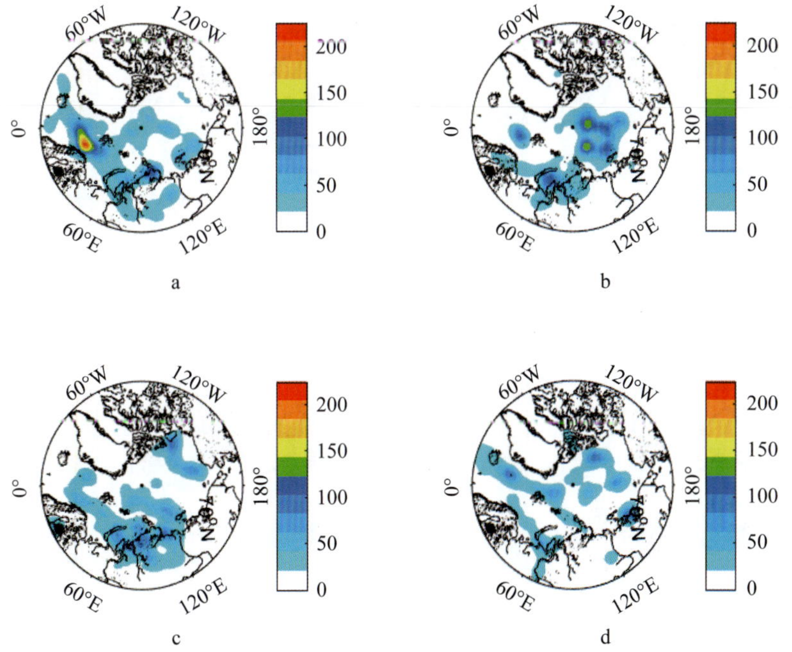

附图1-14　1992年北极区域气旋各季节密度分布

a. 春季；b. 夏季；c. 秋季；d. 冬季

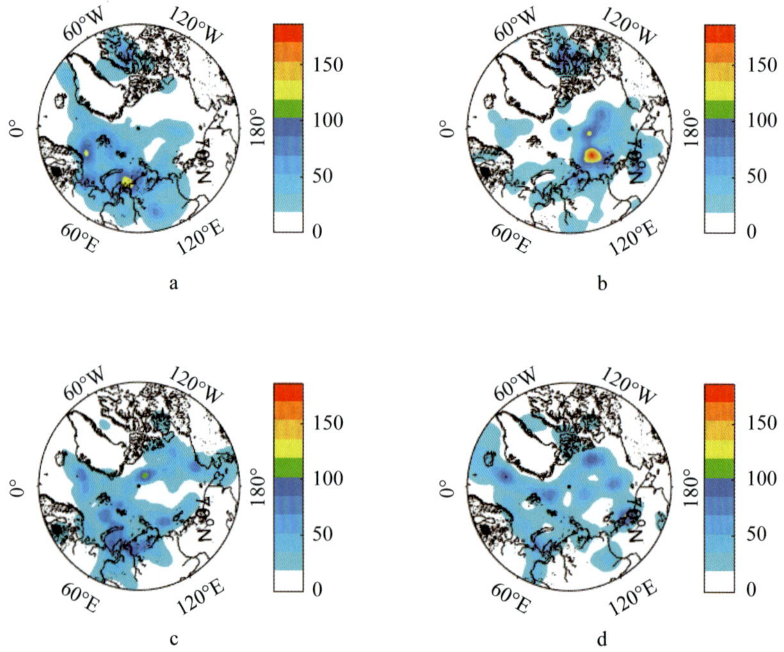

附图1-15　1993年北极区域气旋各季节密度分布

a. 春季；b. 夏季；c. 秋季；d. 冬季

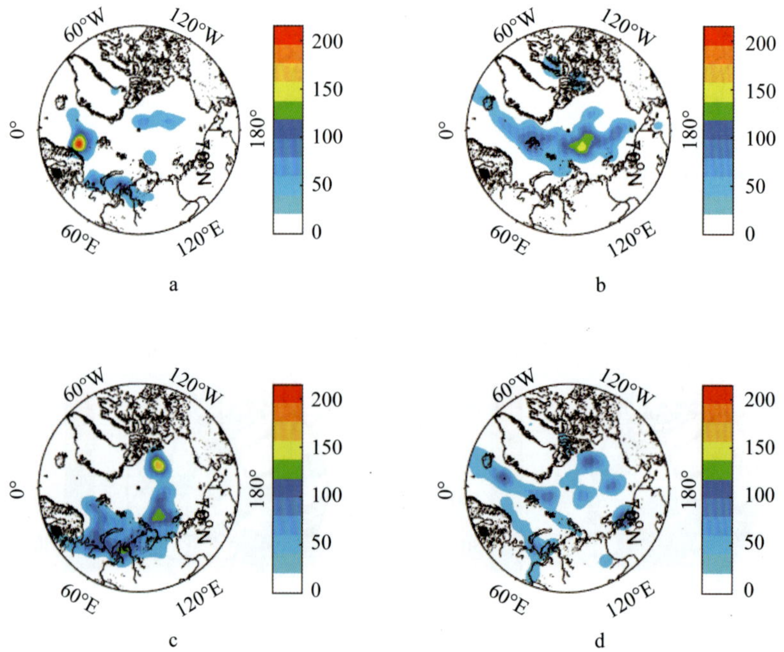

附图1-16　1994年北极区域气旋各季节密度分布

a. 春季；b. 夏季；c. 秋季；d. 冬季

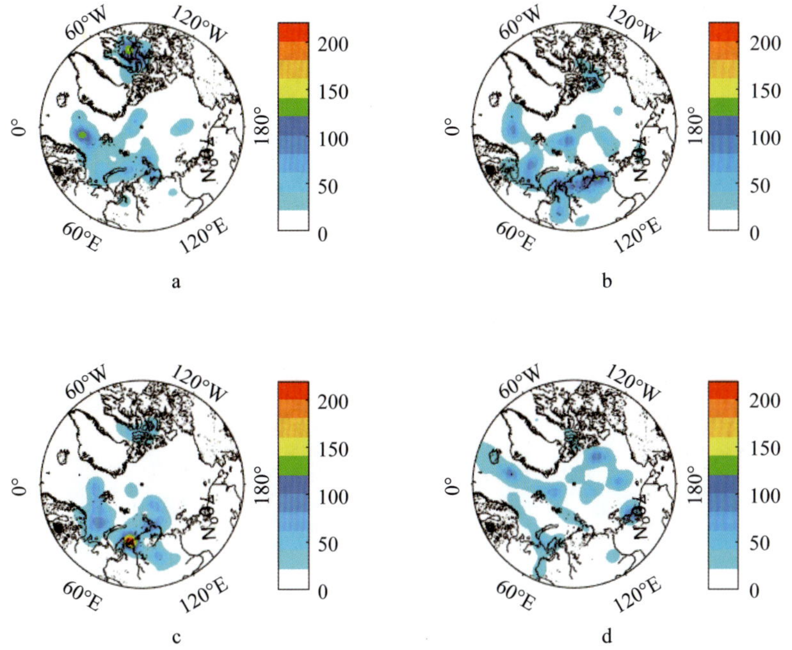

附图1-17 1995年北极区域气旋各季节密度分布

a. 春季；b. 夏季；c. 秋季；d. 冬季

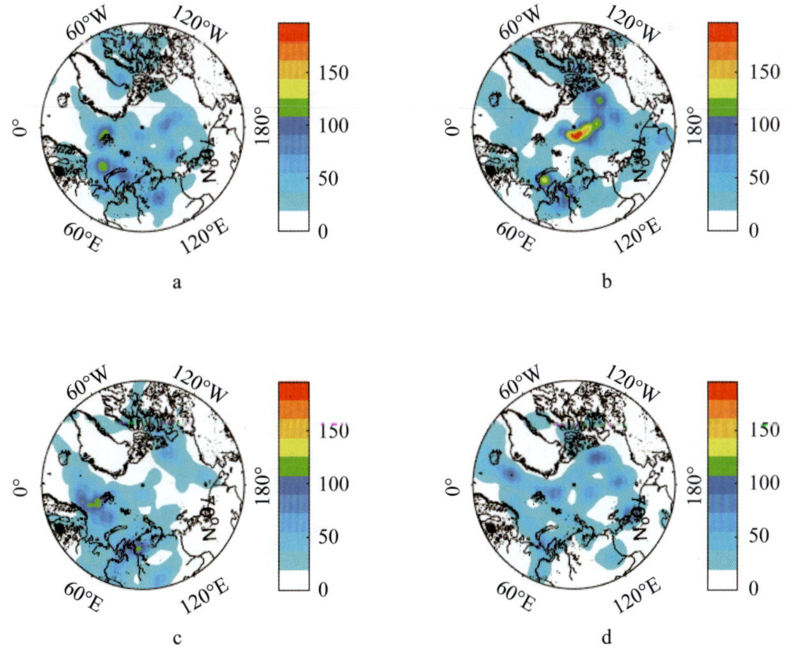

附图1-18 1996年北极区域气旋各季节密度分布

a. 春季；b. 夏季；c. 秋季；d. 冬季

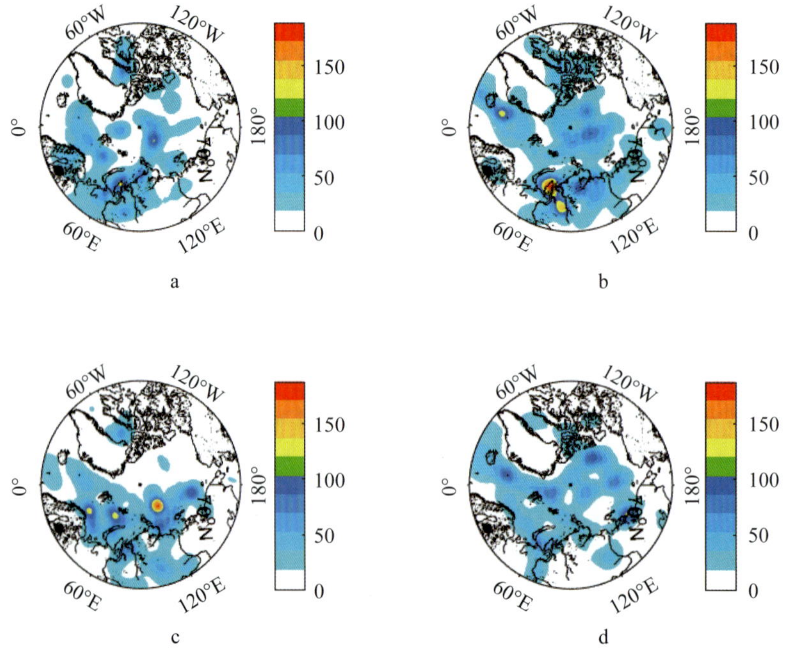

附图1-19　1997年北极区域气旋各季节密度分布

a. 春季；b. 夏季；c. 秋季；d. 冬季

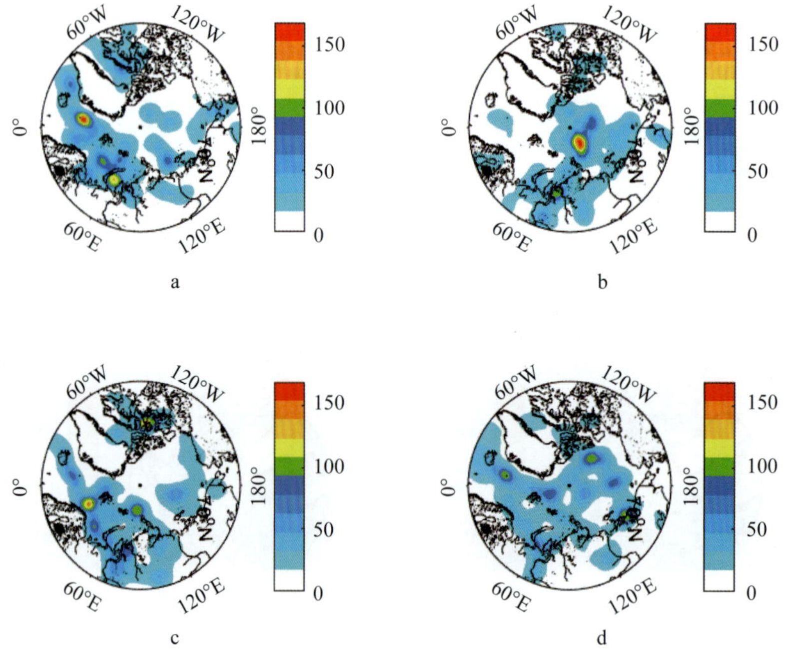

附图1-20　1998年北极区域气旋各季节密度分布

a. 春季；b. 夏季；c. 秋季；d. 冬季

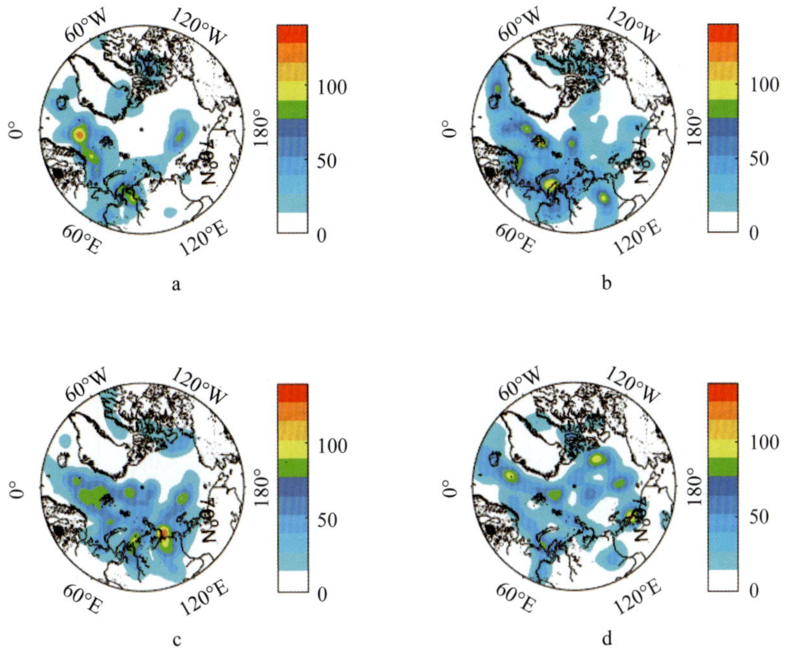

附图1-21　1999年北极区域气旋各季节密度分布

a. 春季；b. 夏季；c. 秋季；d. 冬季

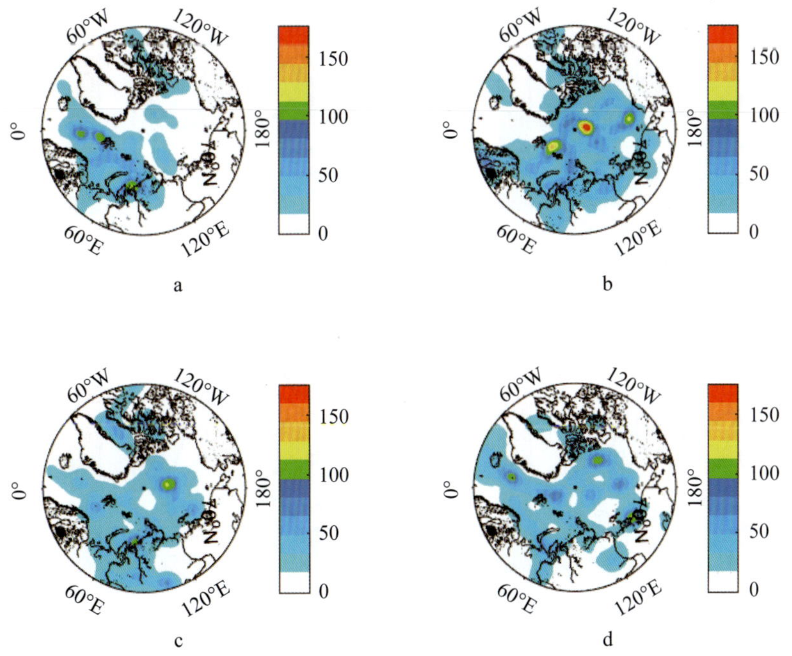

附图1-22　2000年北极区域气旋各季节密度分布

a. 春季；b. 夏季；c. 秋季；d. 冬季

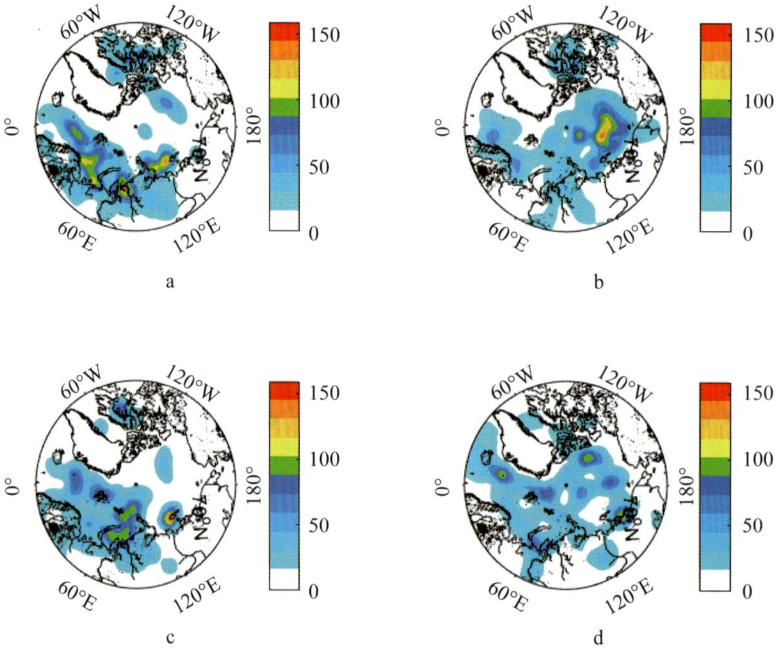

附图1-23　2001年北极区域气旋各季节密度分布

a. 春季；b. 夏季；c. 秋季；d. 冬季

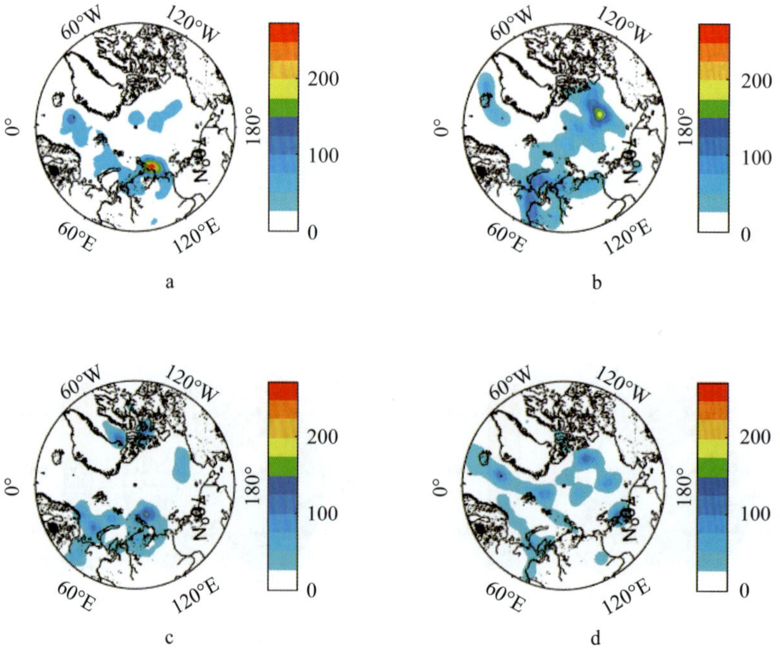

附图1-24　2002年北极区域气旋各季节密度分布

a. 春季；b. 夏季；c. 秋季；d. 冬季

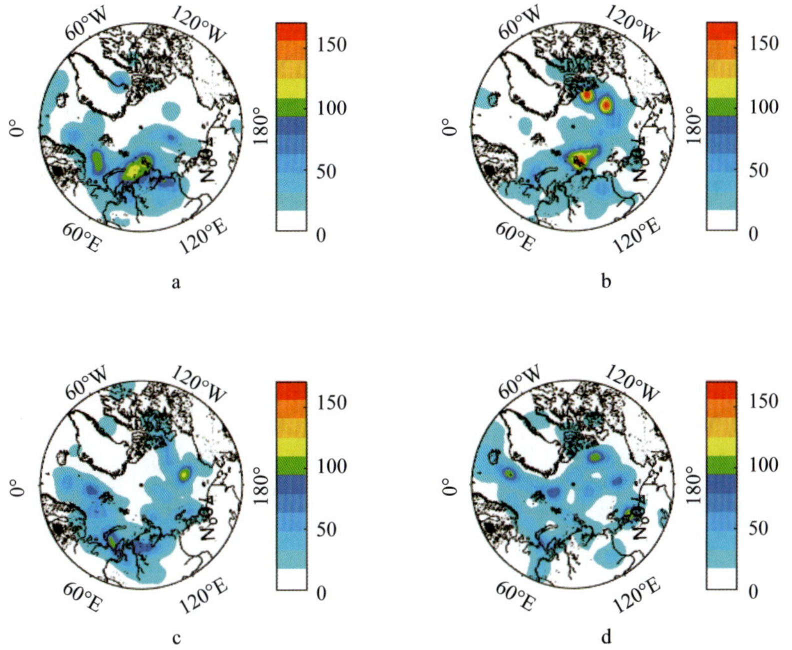

附图1-25　2003年北极区域气旋各季节密度分布

a. 春季；b. 夏季；c. 秋季；d. 冬季

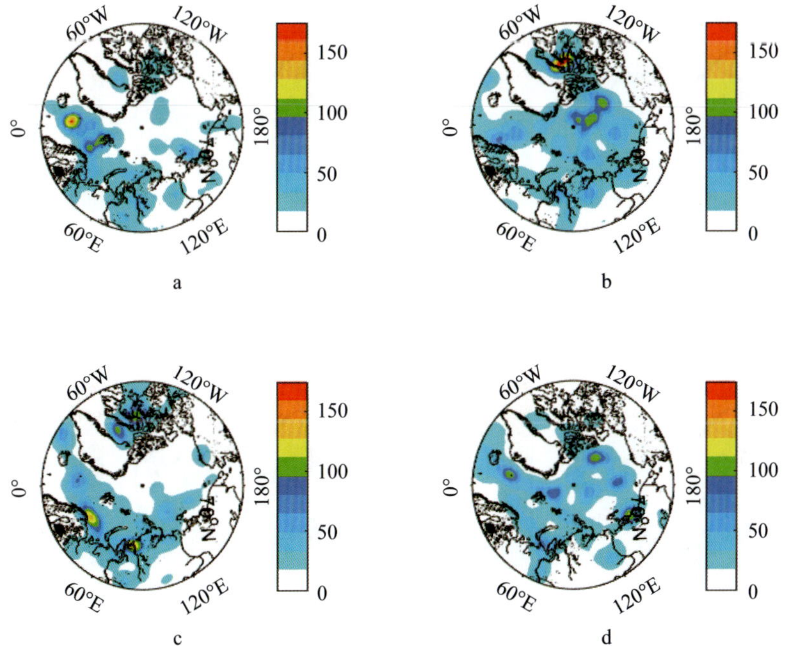

附图1-26　2004年北极区域气旋各季节密度分布

a. 春季；b. 夏季；c. 秋季；d. 冬季

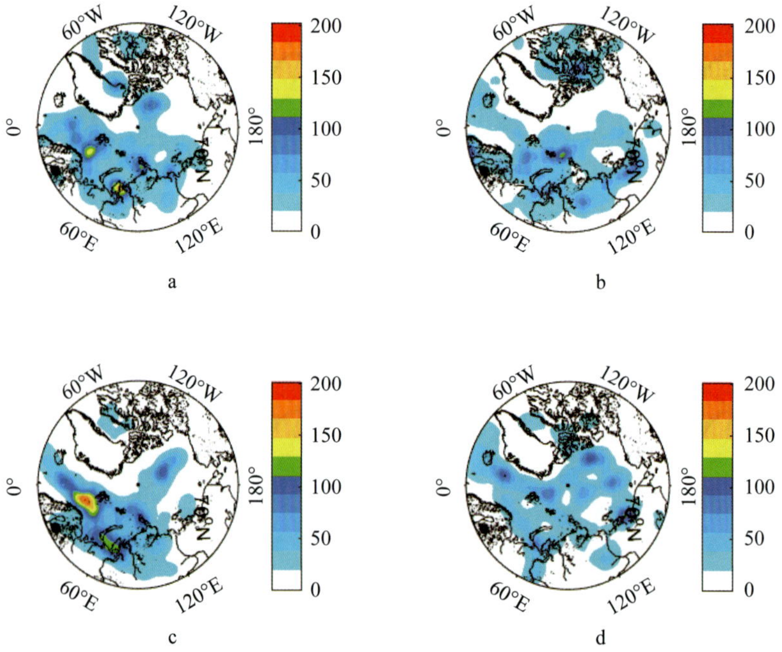

附图1-27　2005年北极区域气旋各季节密度分布

a. 春季；b. 夏季；c. 秋季；d. 冬季

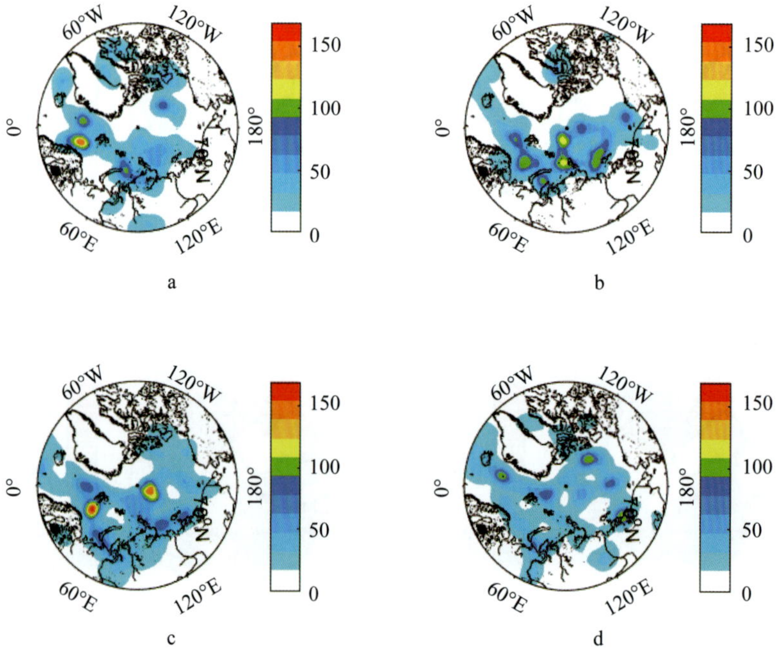

附图1-28　2006年北极区域气旋各季节密度分布

a. 春季；b. 夏季；c. 秋季；d. 冬季

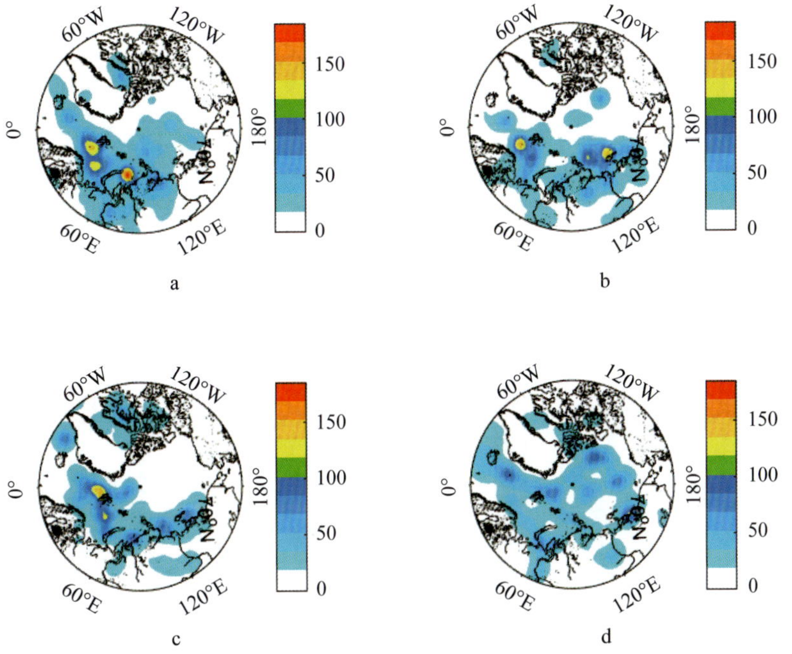

附图1-29　2007年北极区域气旋各季节密度分布

a. 春季；b. 夏季；c. 秋季；d. 冬季

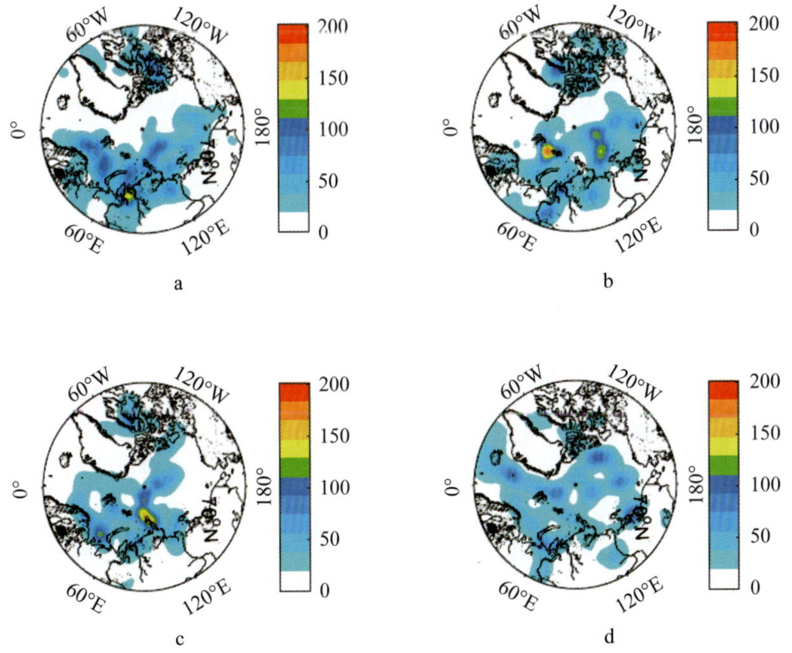

附图1-30　2008年北极区域气旋各季节密度分布

a. 春季；b. 夏季；c. 秋季；d. 冬季

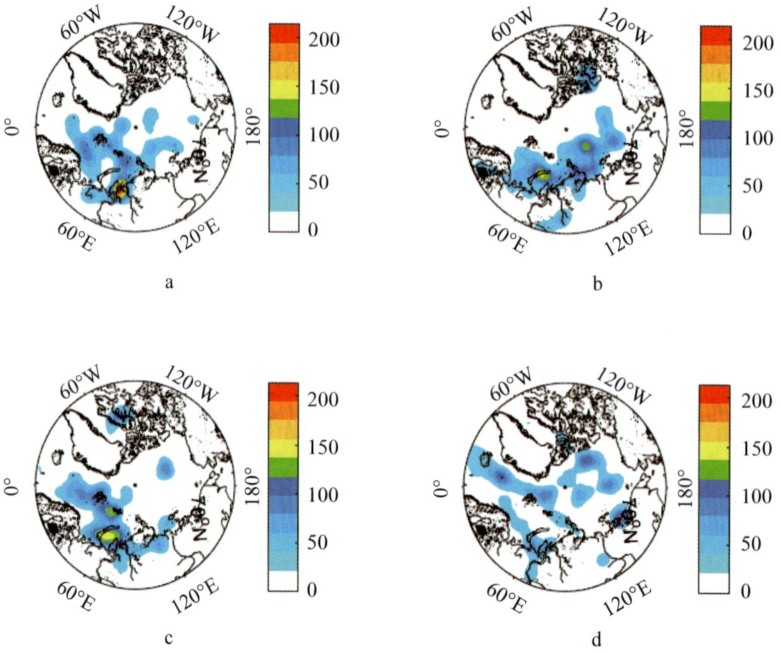

附图1-31　2009北极区域气旋各季节密度分布

a. 春季；b. 夏季；c. 秋季；d. 冬季

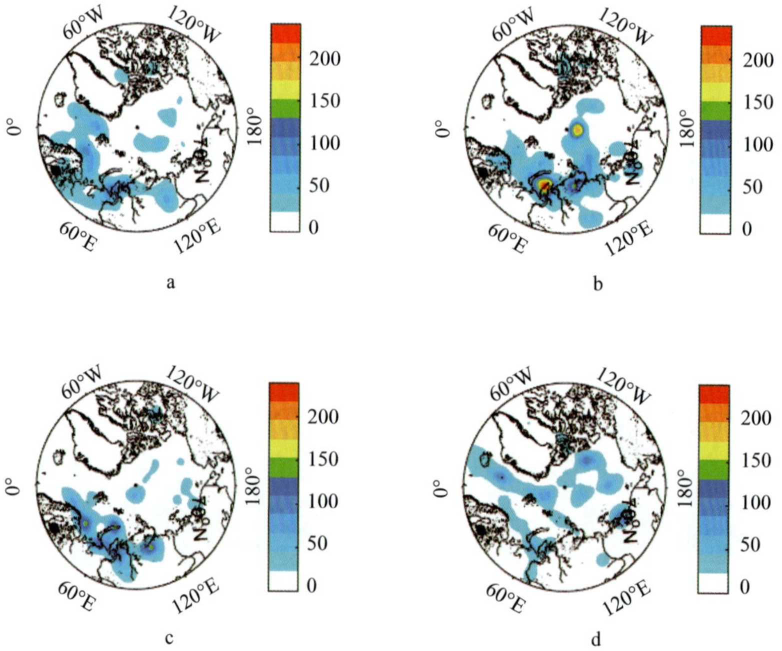

附图1-32　2010年北极区域气旋各季节密度分布

a. 春季；b. 夏季；c. 秋季；d. 冬季

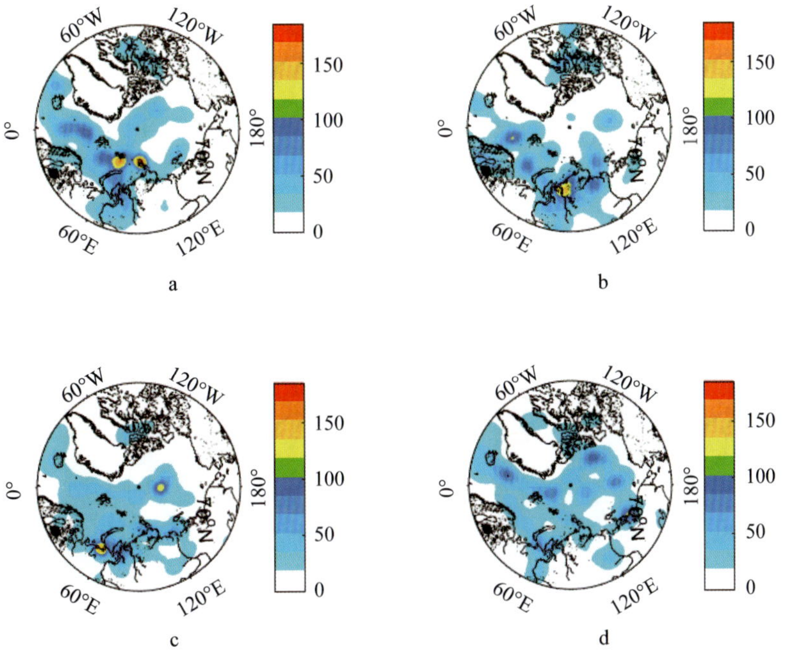

附图1-33 2011年北极区域气旋各季节密度分布

a. 春季；b. 夏季；c. 秋季；d. 冬季

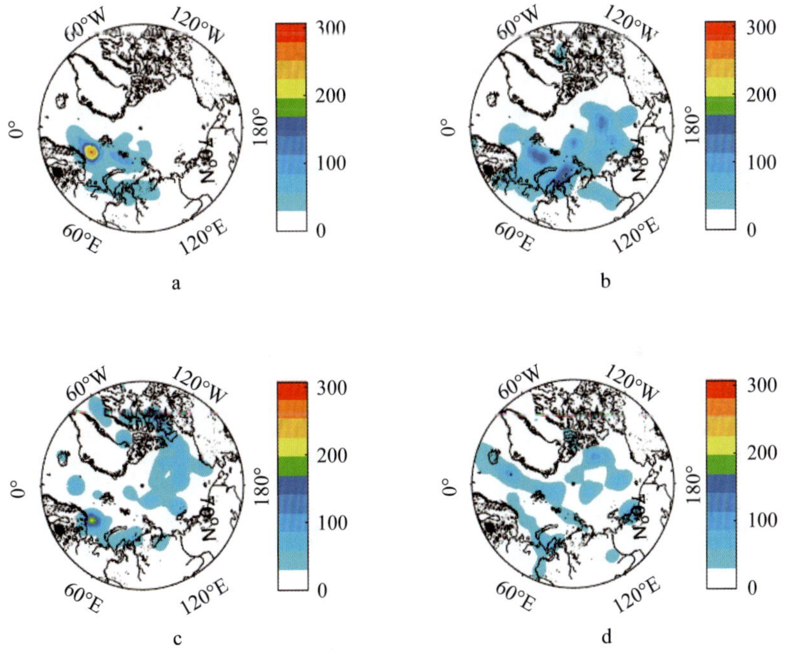

附图1-34 2012年北极区域气旋各季节密度分布

a. 春季；b. 夏季；c. 秋季；d. 冬季

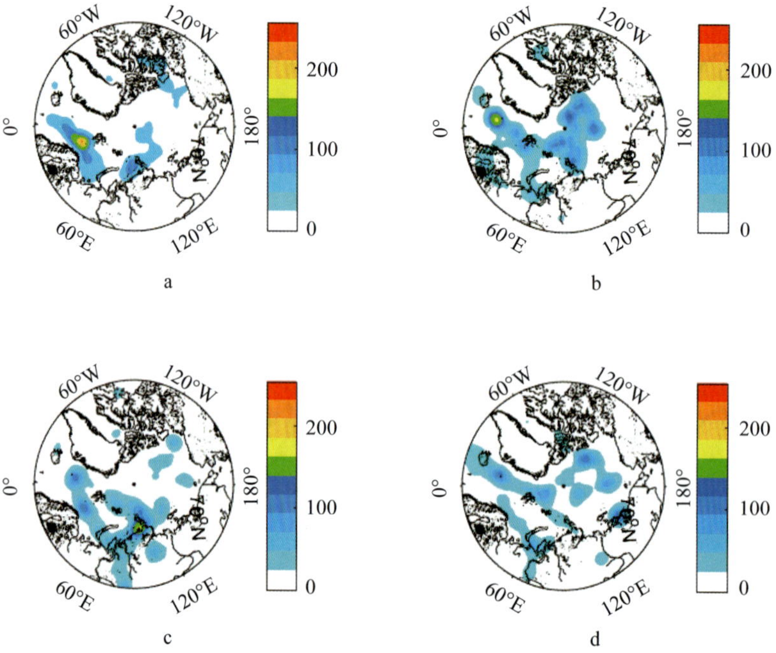

附图1-35　2013年北极区域气旋各季节密度分布

a. 春季；b. 夏季；c. 秋季；d. 冬季

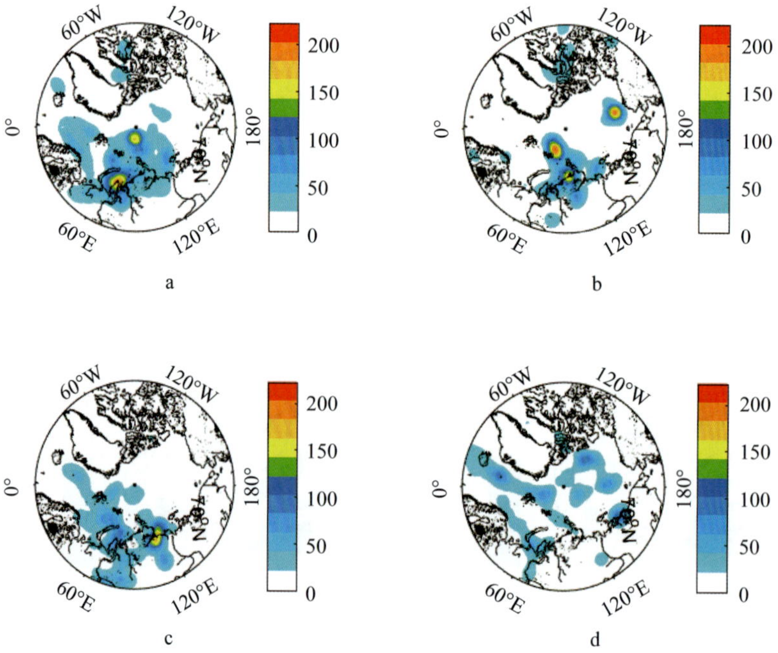

附图1-36　2014年北极区域气旋各季节密度分布

a. 春季；b. 夏季；c. 秋季；d. 冬季

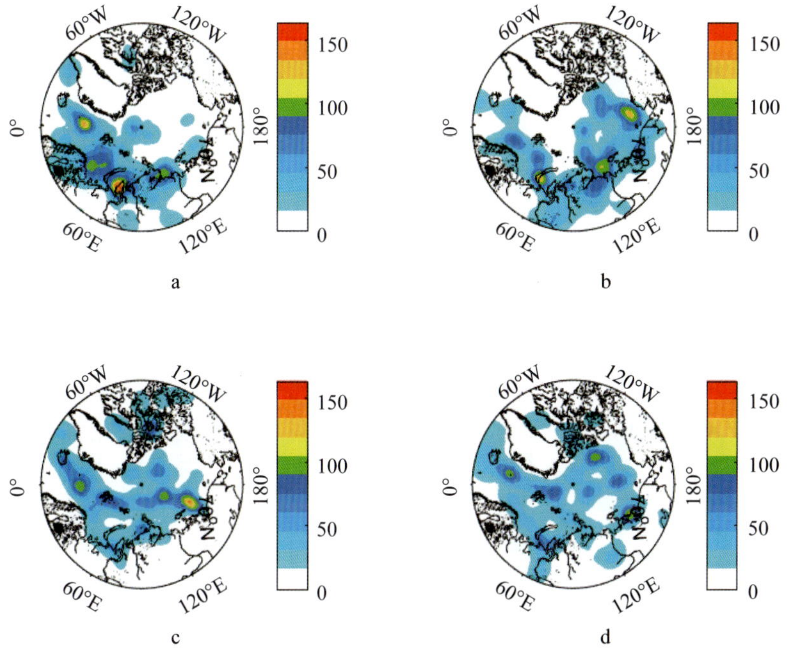

附图1-37　2015年北极区域气旋各季节密度分布

a. 春季；b. 夏季；c. 秋季；d. 冬季

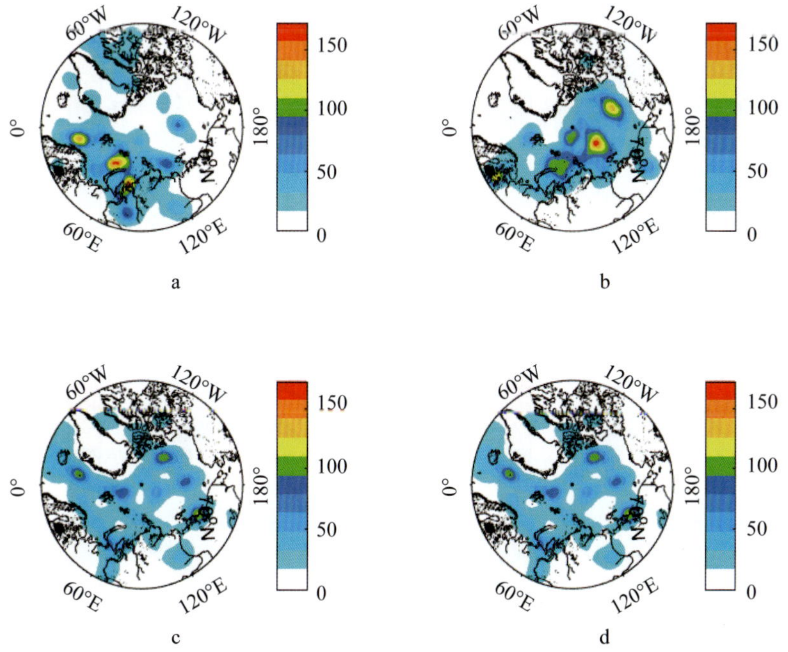

附图1-38　2016年北极区域气旋各季节密度分布

a. 春季；b. 夏季；c. 秋季；d. 冬季

附图 2　南大洋及南极周边海域气旋逐年密度分布图

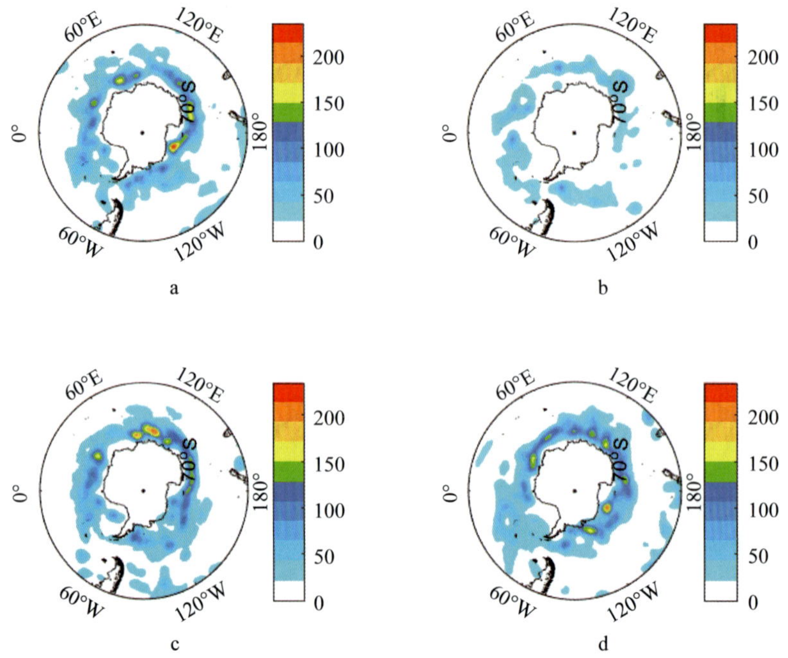

附图2-1　南大洋1979年气旋各季密度分布

a. 春季；b. 夏季；c. 秋季；d. 冬季

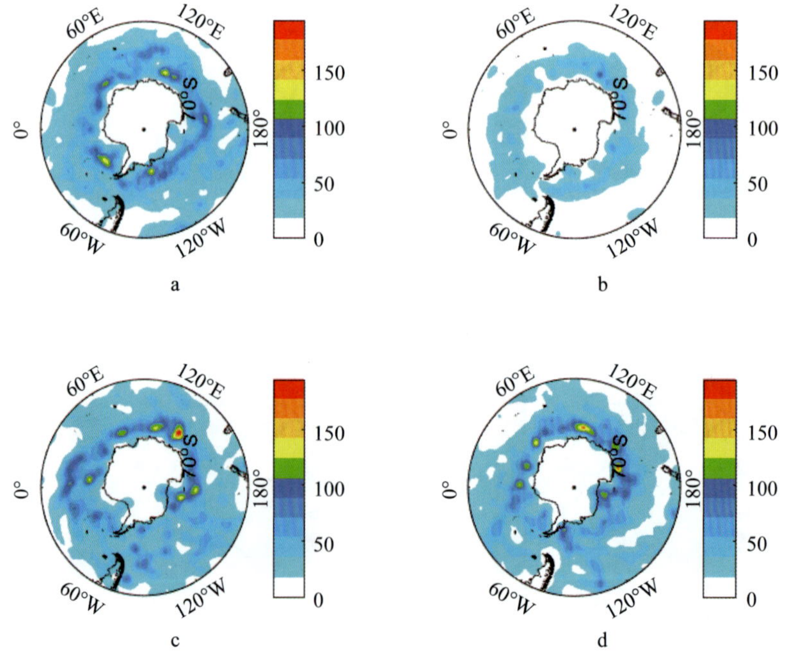

附图2-2　南大洋1980年气旋各季密度分布

a. 春季；b. 夏季；c. 秋季；d. 冬季

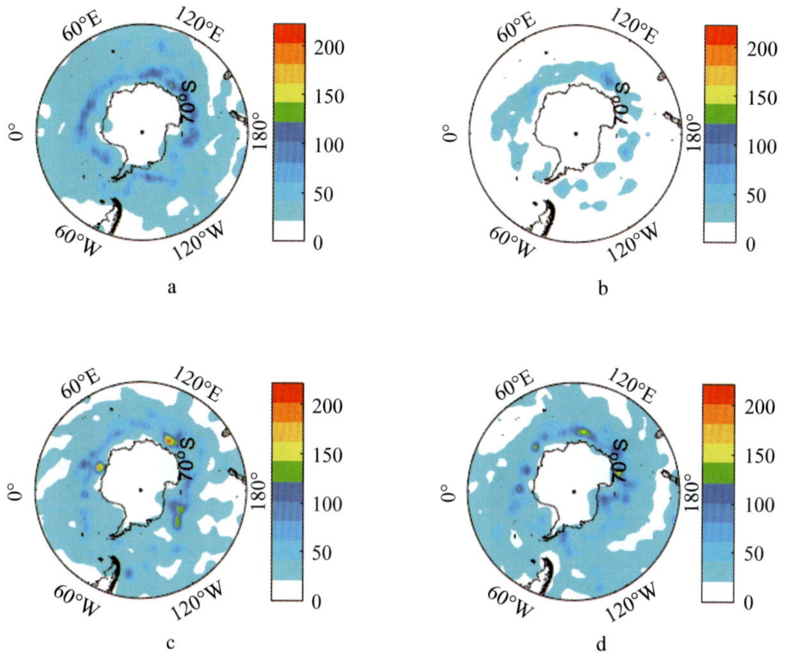

附图2-3　南大洋1981年气旋各季密度分布

a. 春季；b. 夏季；c. 秋季；d. 冬季

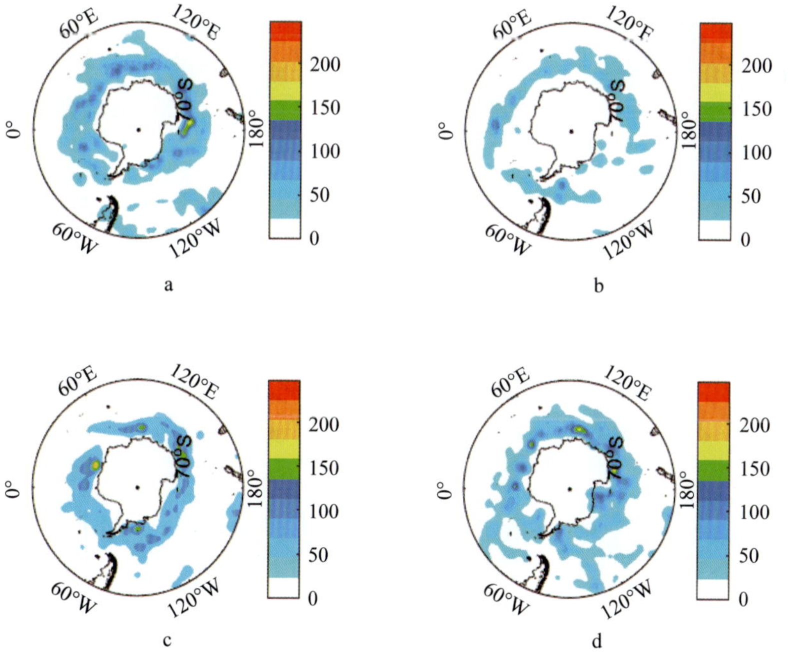

附图2-4　南大洋1982年气旋各季密度分布

a. 春季；b. 夏季；c. 秋季；d. 冬季

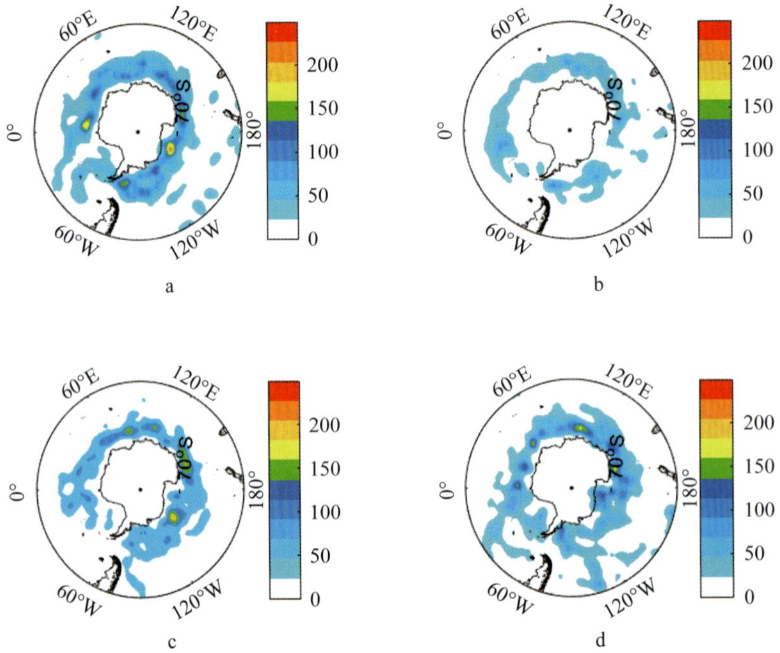

附图2-5　南大洋1983年气旋各季密度分布

a. 春季；b. 夏季；c. 秋季；d. 冬季

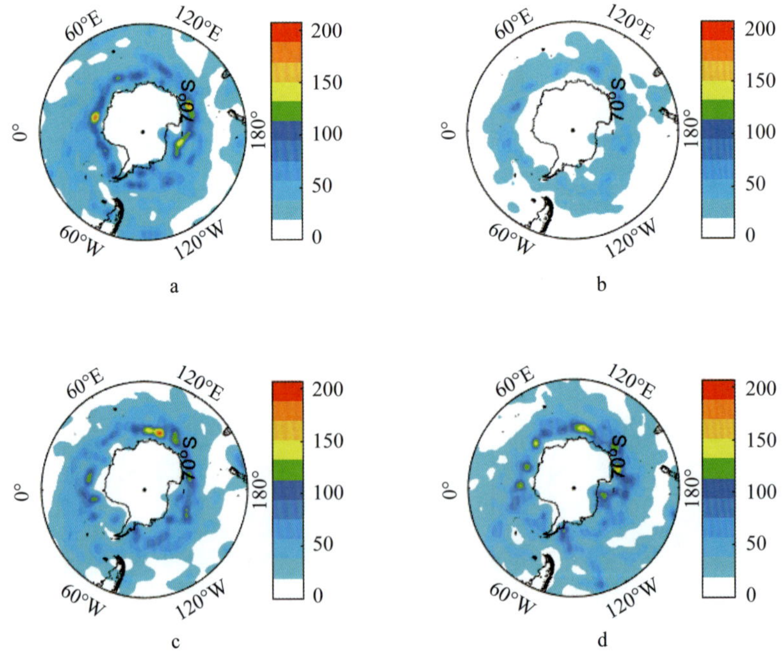

附图2-6　南大洋1984年气旋各季密度分布

a. 春季；b. 夏季；c. 秋季；d. 冬季

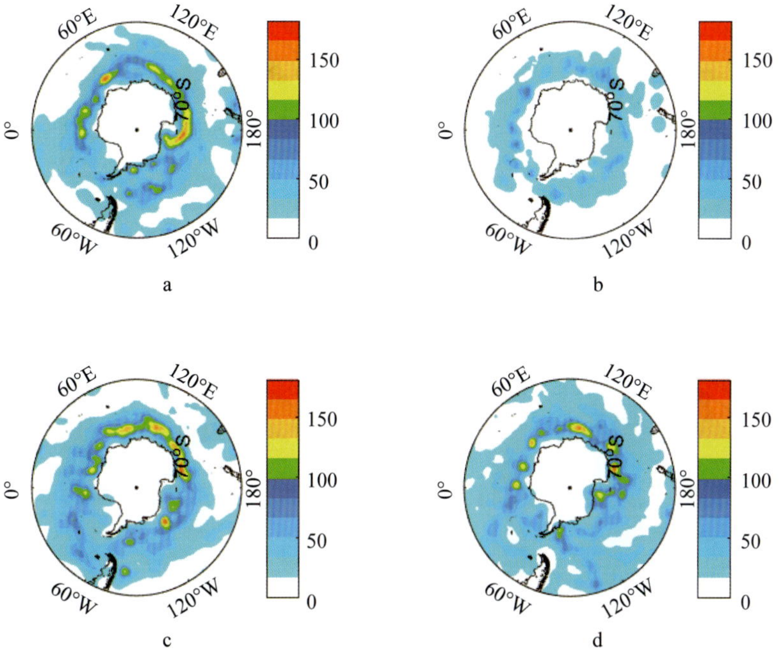

附图2-7　南大洋1985年气旋各季密度分布

a. 春季；b. 夏季；c. 秋季；d. 冬季

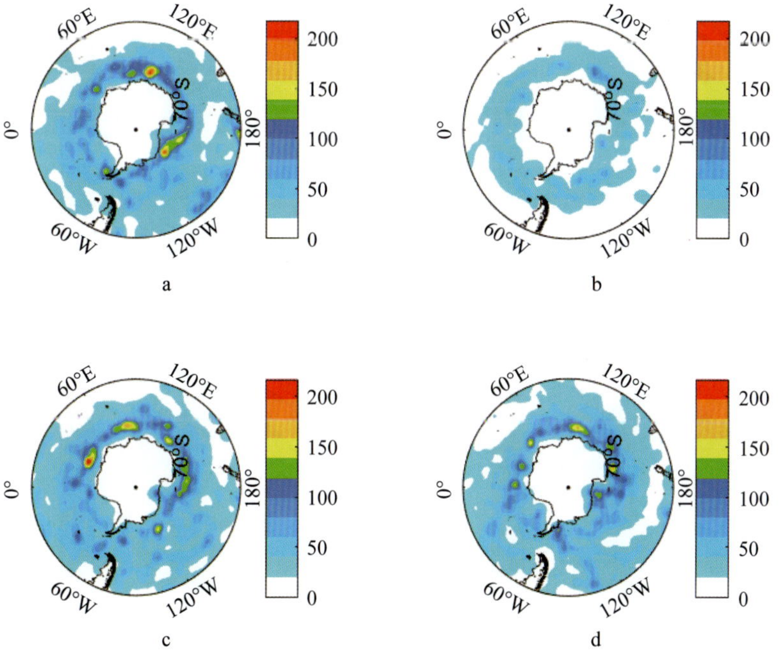

附图2-8　南大洋1986年气旋各季密度分布

a. 春季；b. 夏季；c. 秋季；d. 冬季

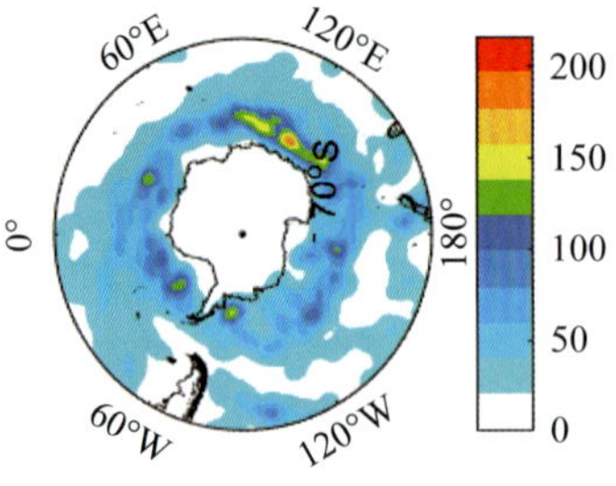

a

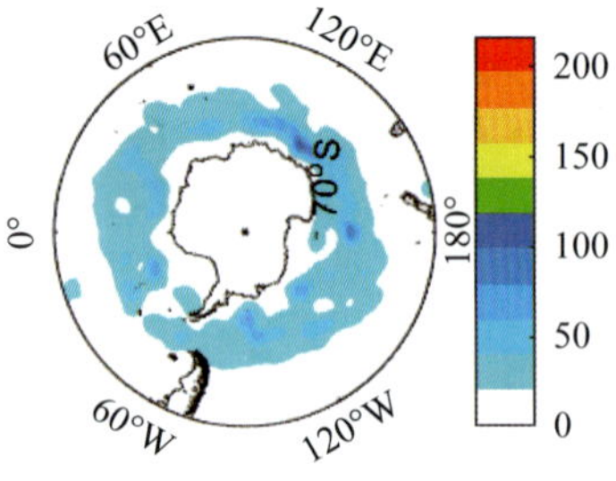

b

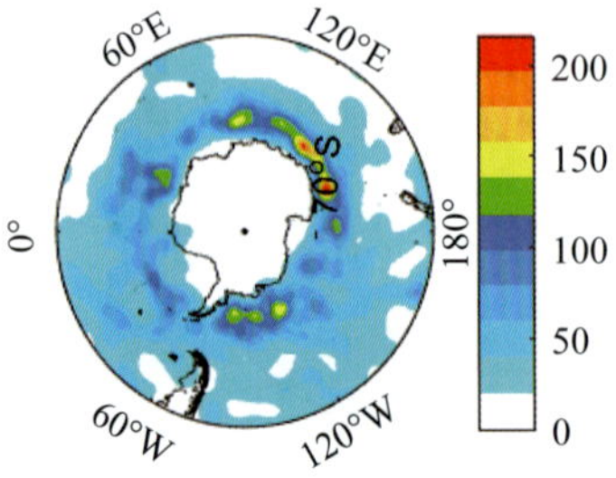

c

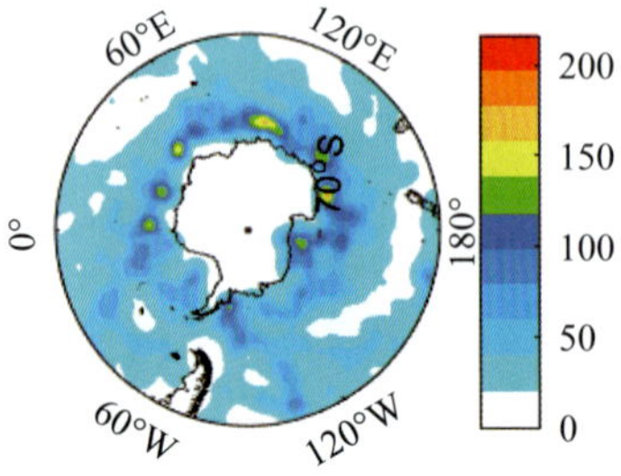

d

附图2-9　南大洋1987年气旋各季密度分布

a. 春季；b. 夏季；c. 秋季；d. 冬季

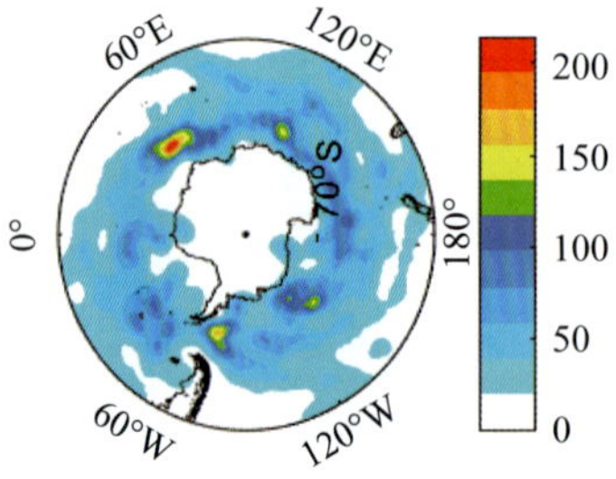

a

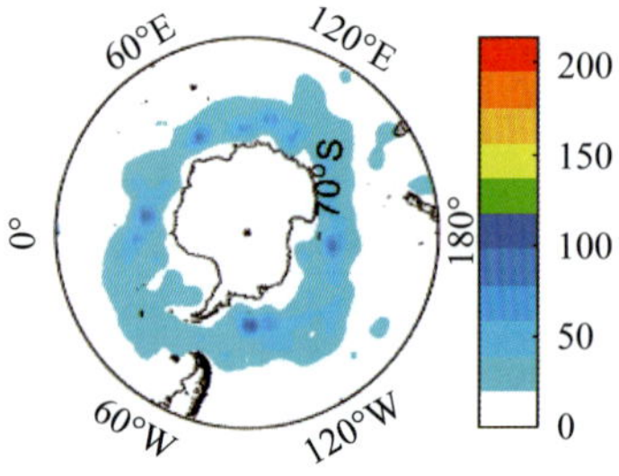

b

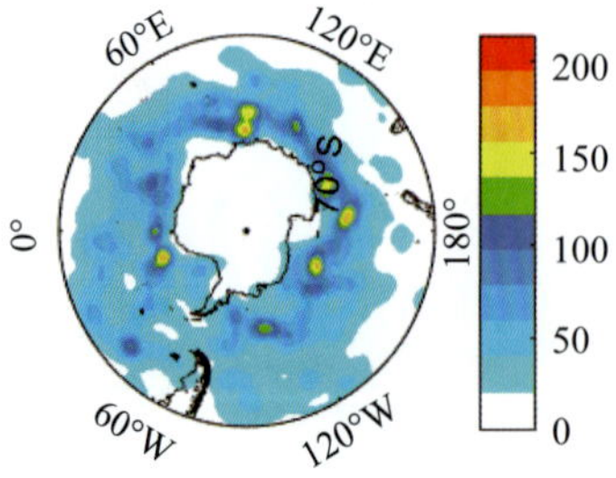

c

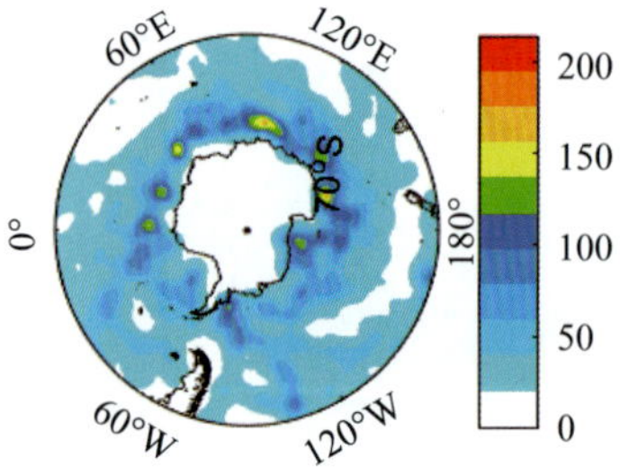

d

附图2-10　南大洋1988年气旋各季密度分布

a. 春季；b. 夏季；c. 秋季；d. 冬季

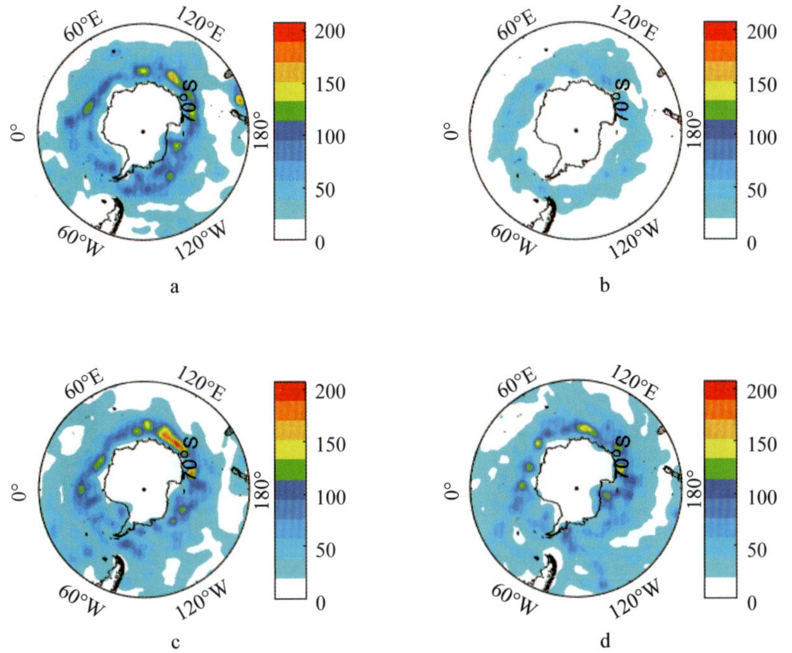

附图2-11　南大洋1989年气旋各季密度分布

a. 春季；b. 夏季；c. 秋季；d. 冬季

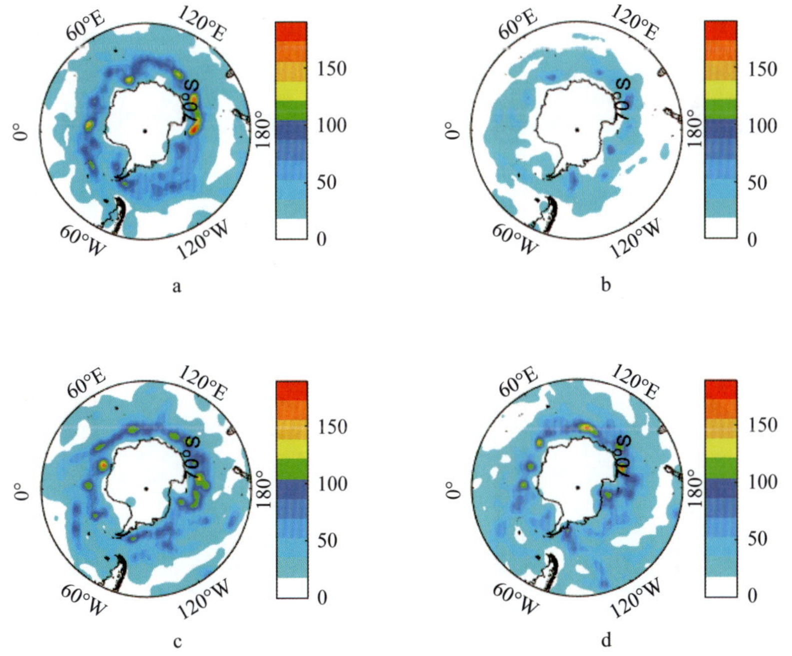

附图2-12　南大洋1990年气旋各季密度分布

a. 春季；b. 夏季；c. 秋季；d. 冬季

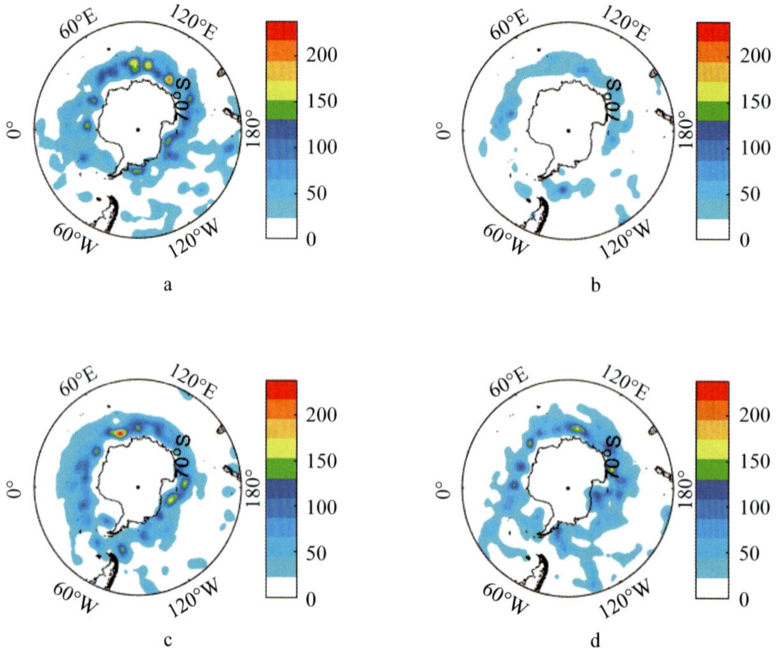

附图2-13　南大洋1991年气旋各季密度分布

a. 春季；b. 夏季；c. 秋季；d. 冬季

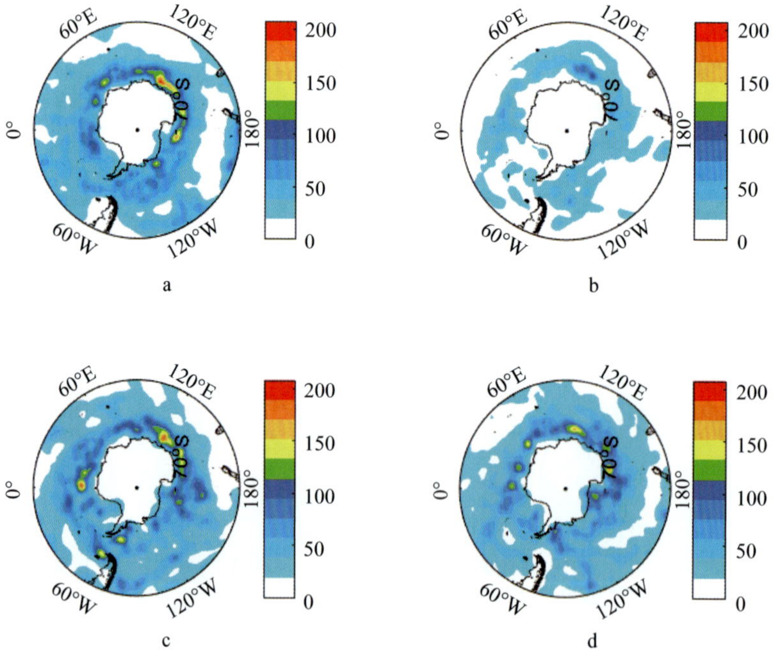

附图2-14　南大洋1992年气旋各季密度分布

a. 春季；b. 夏季；c. 秋季；d. 冬季

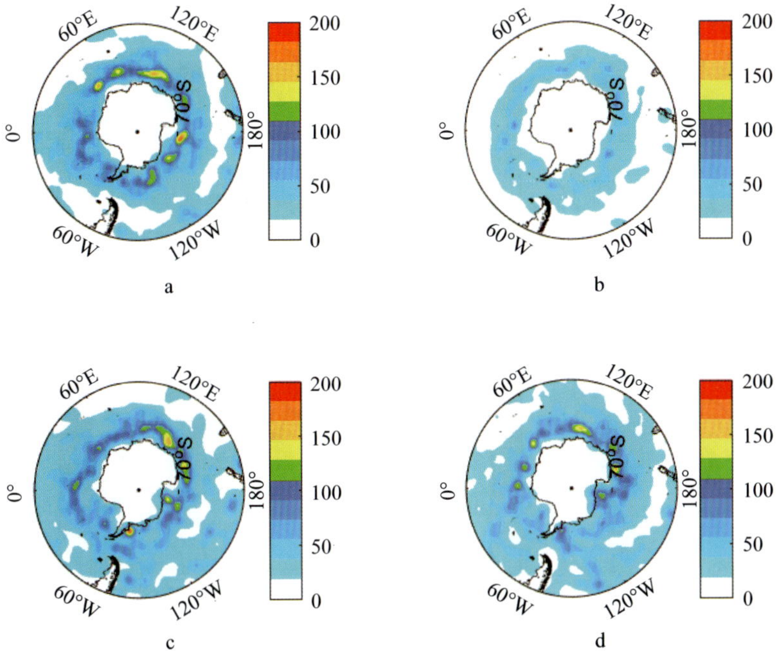

附图2-15　南大洋1993年气旋各季密度分布

a. 春季；b. 夏季；c. 秋季；d. 冬季

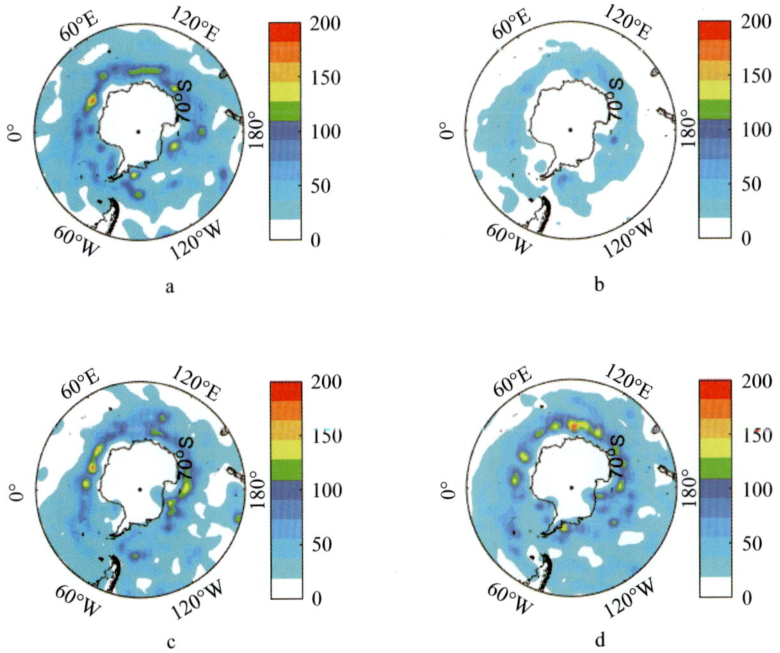

附图2-16　南大洋1994年气旋各季密度分布

a. 春季；b. 夏季；c. 秋季；d. 冬季

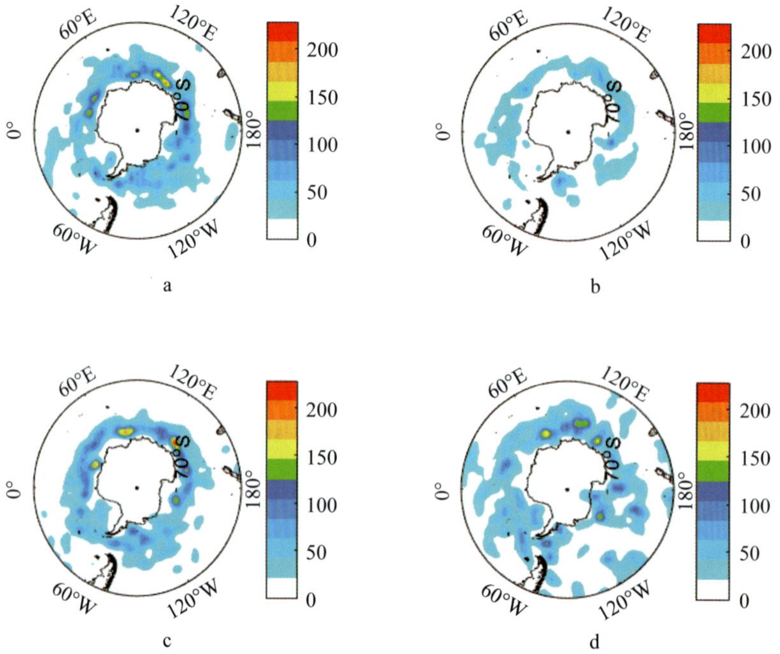

附图2-17　南大洋1995年气旋各季密度分布

a. 春季；b. 夏季；c. 秋季；d. 冬季

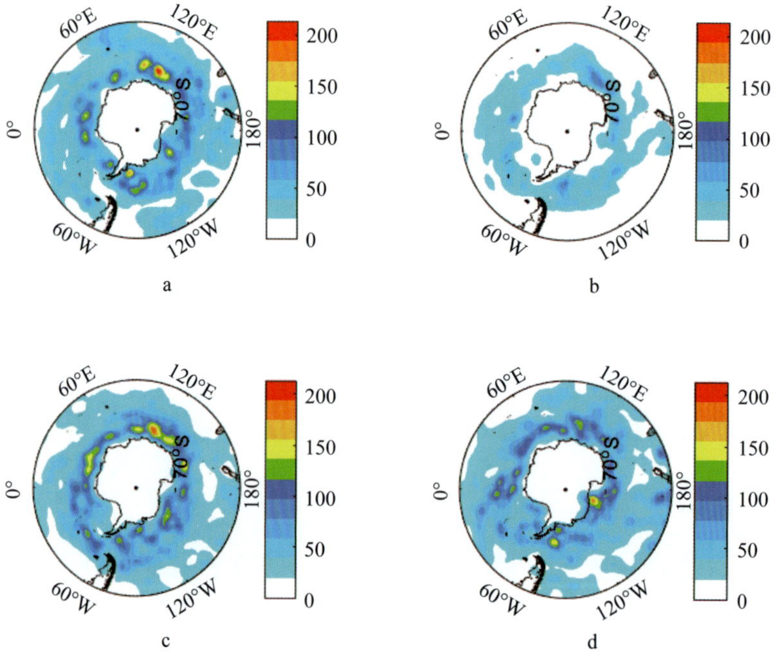

附图2-18　南大洋1996年气旋各季密度分布

a. 春季；b. 夏季；c. 秋季；d. 冬季

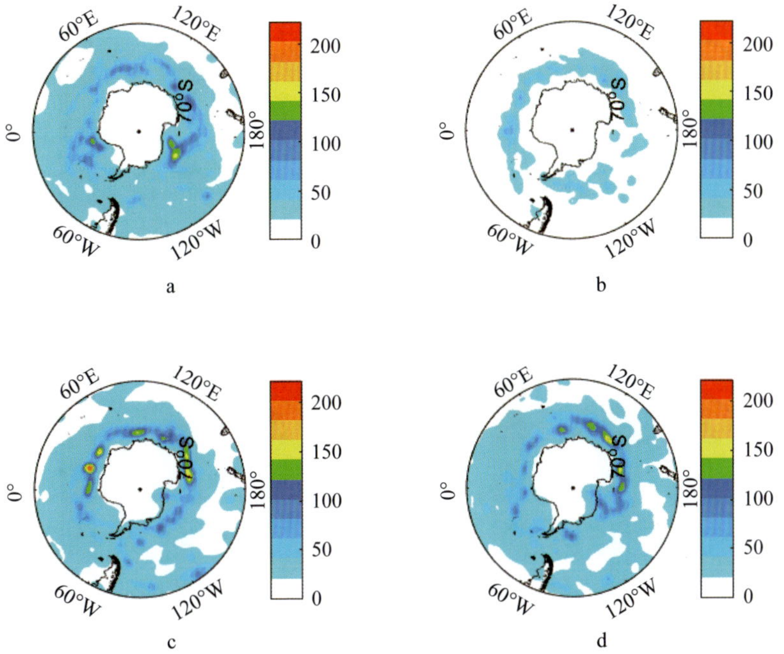

附图2-19　南大洋1997年气旋各季密度分布

a. 春季；b. 夏季；c. 秋季；d. 冬季

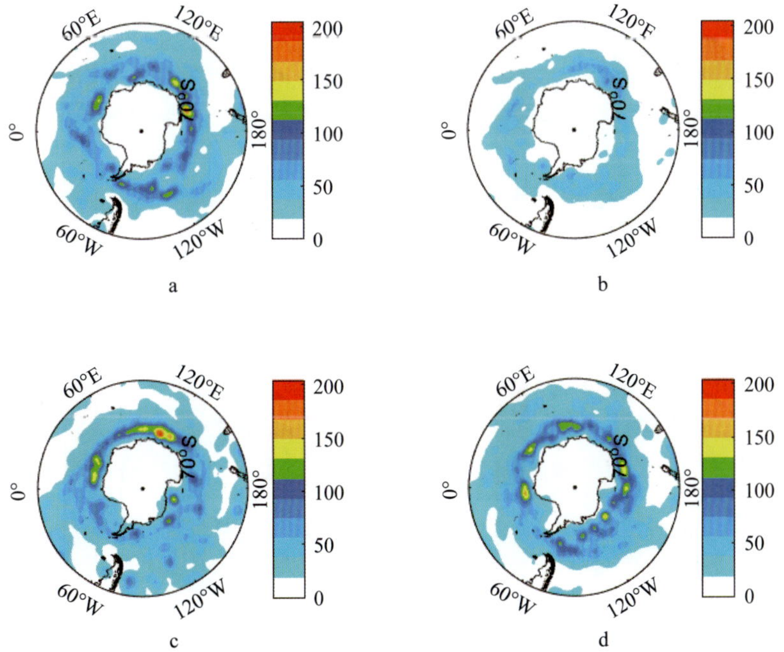

附图2-20　南大洋1998年气旋各季密度分布

a. 春季；b. 夏季；c. 秋季；d. 冬季

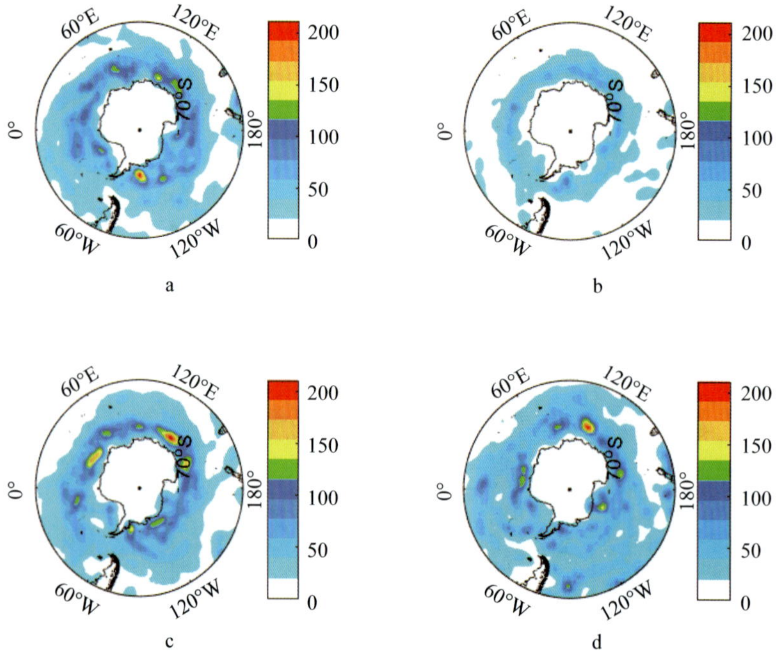

附图2-21　南大洋1999年气旋各季密度分布

a. 春季；b. 夏季；c. 秋季；d. 冬季

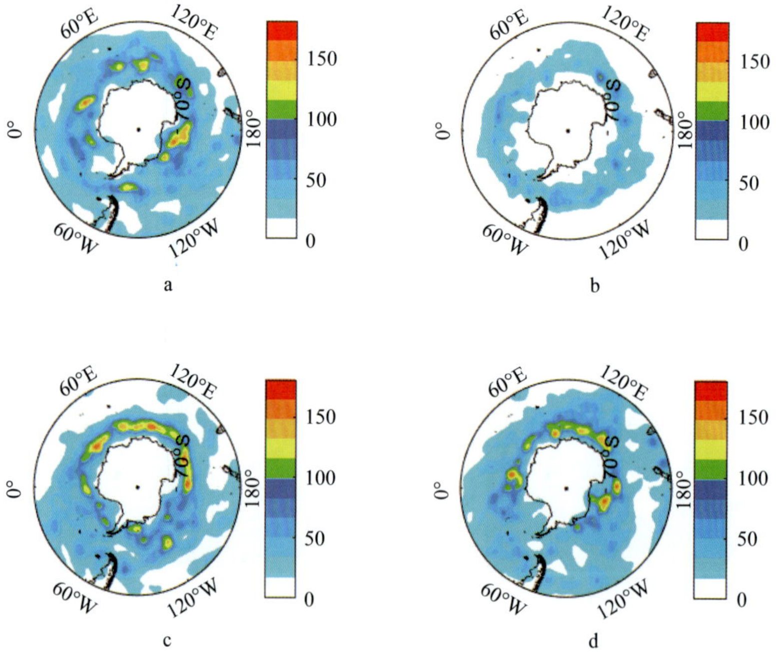

附图2-22　南大洋2000年气旋各季密度分布

a. 春季；b. 夏季；c. 秋季；d. 冬季

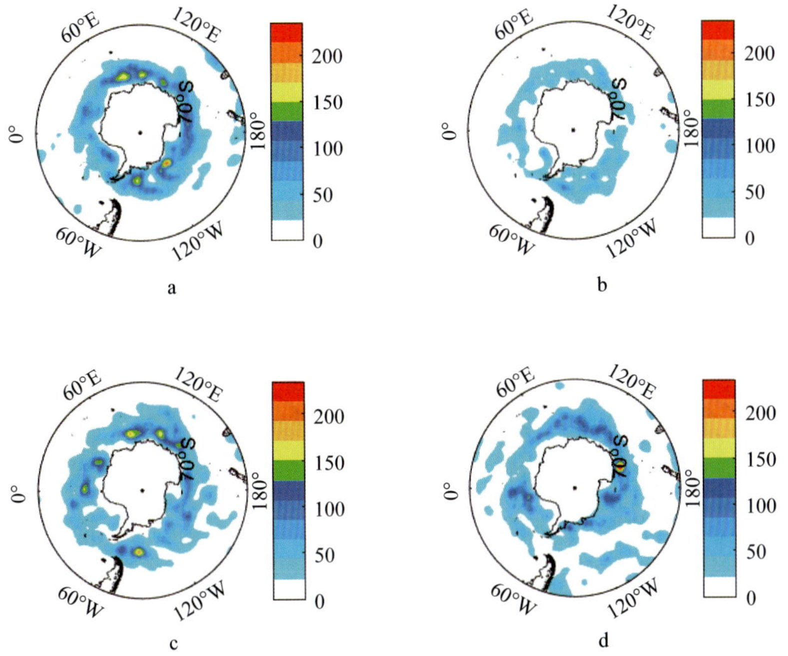

附图2-23　南大洋2001年气旋各季密度分布

a. 春季；b. 夏季；c. 秋季；d. 冬季

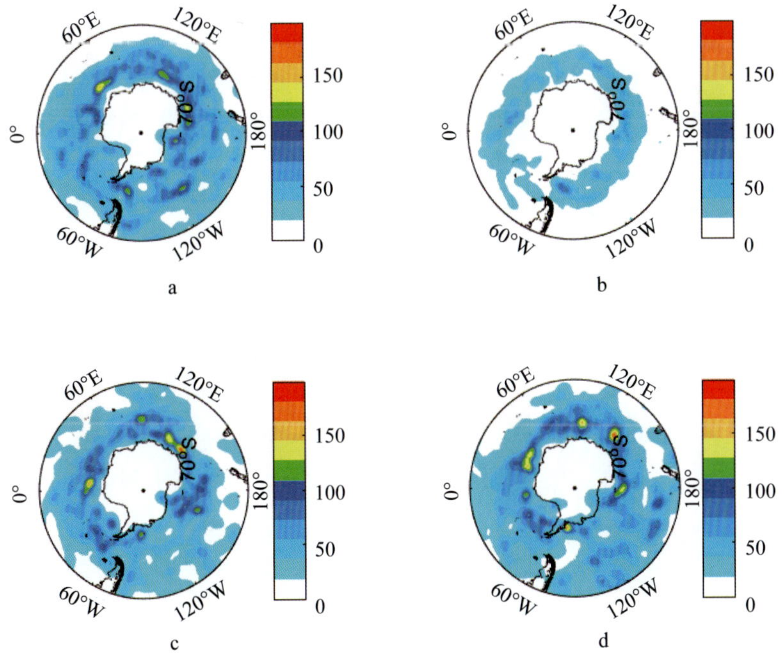

附图2-24　南大洋2002年气旋各季密度分布

a. 春季；b. 夏季；c. 秋季；d. 冬季

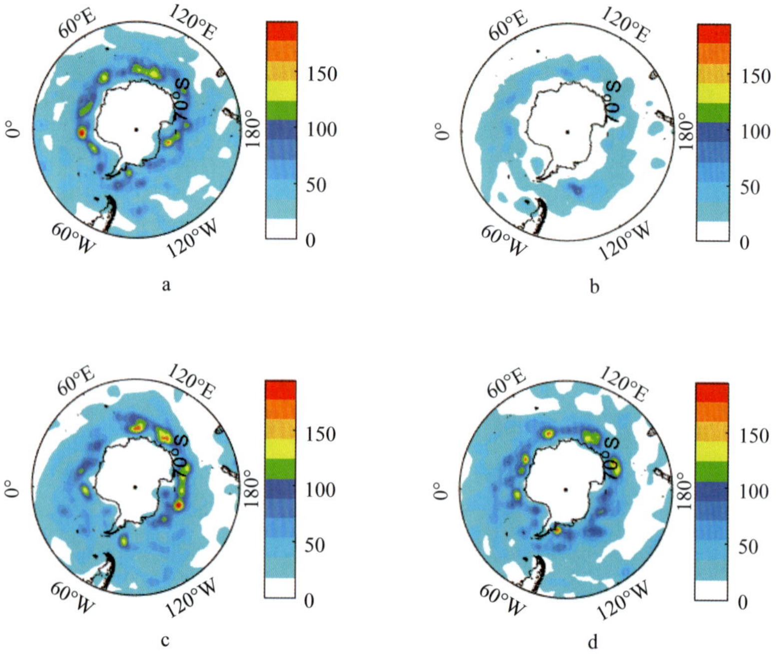

附图2-25　南大洋2003年气旋各季密度分布

a. 春季；b. 夏季；c. 秋季；d. 冬季

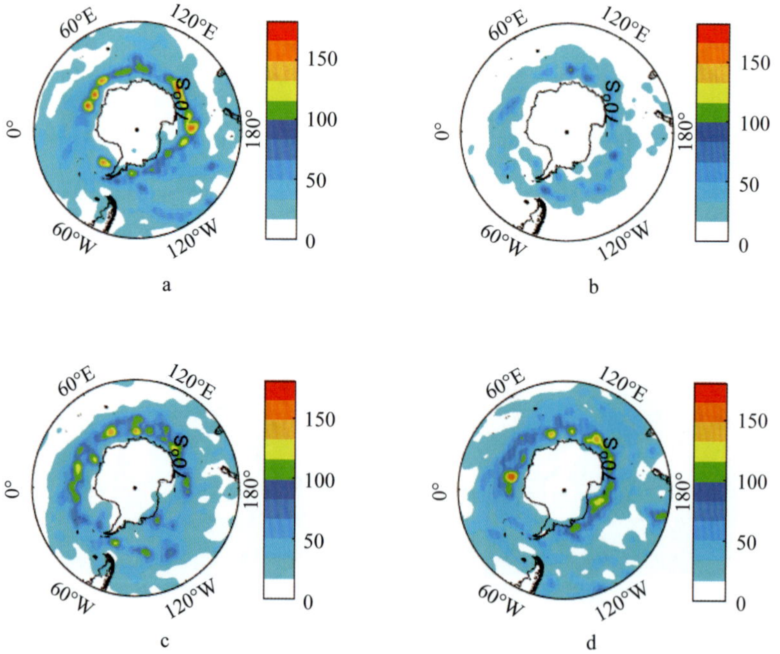

附图2-26　南大洋2004年气旋各季密度分布

a. 春季；b. 夏季；c. 秋季；d. 冬季

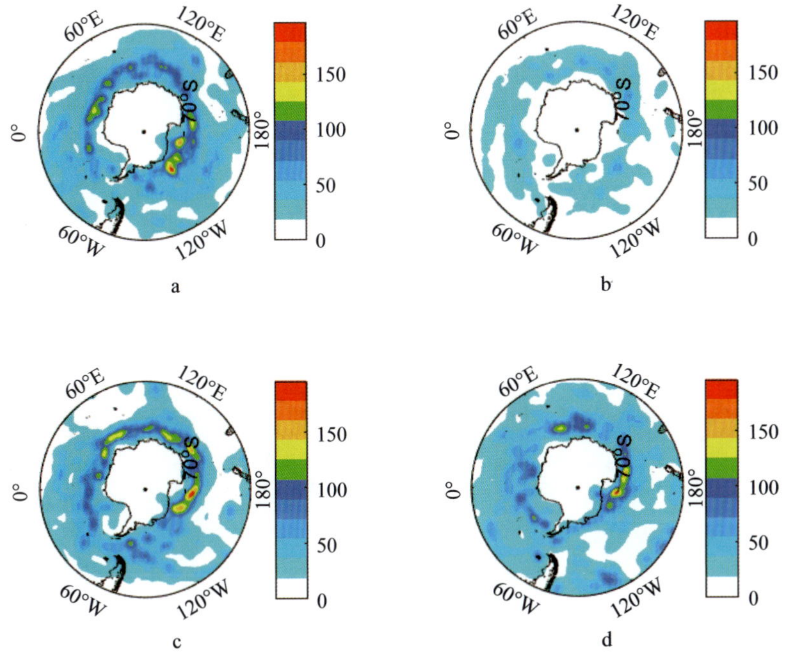

附图2-27　南大洋2005年气旋各季密度分布

a. 春季；b. 夏季；c. 秋季；d. 冬季

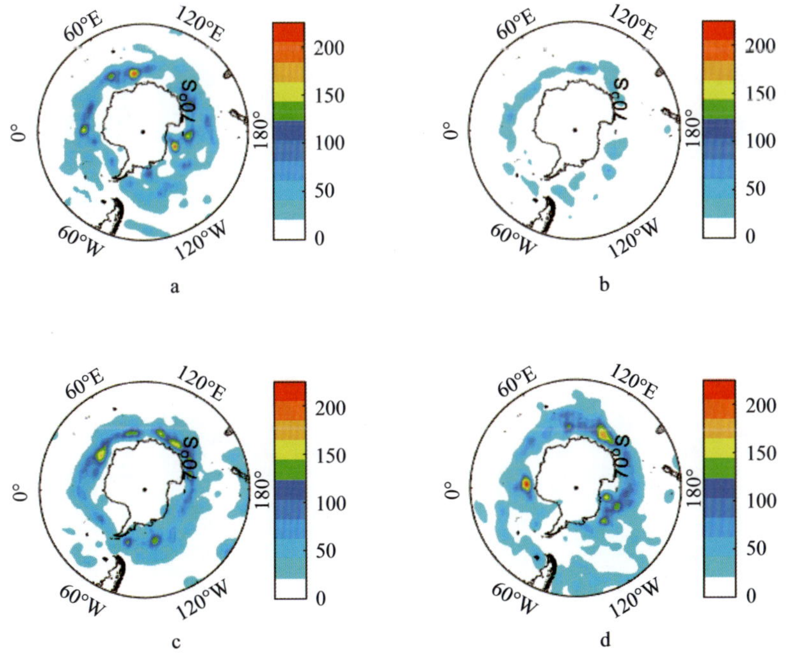

附图2-28　南大洋2006年气旋各季密度分布

a. 春季；b. 夏季；c. 秋季；d. 冬季

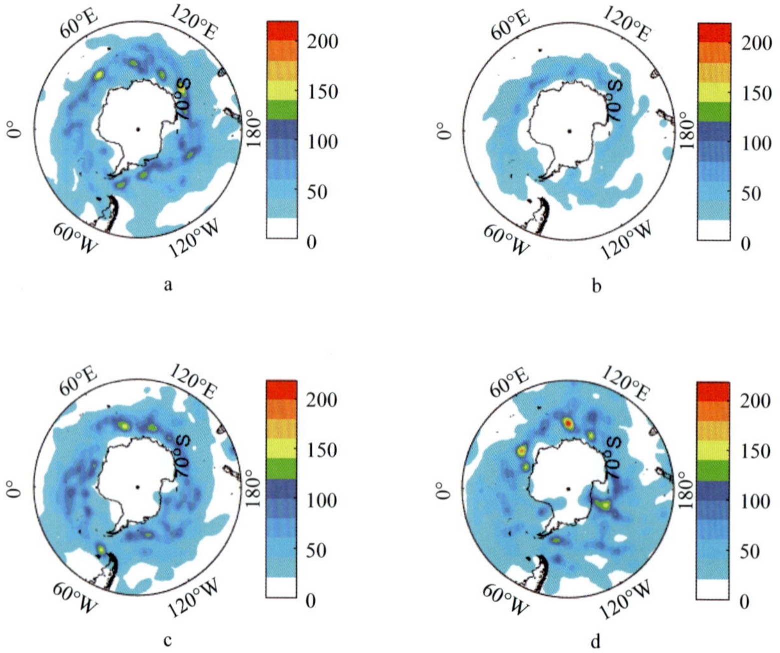

附图2-29　南大洋2007年气旋各季密度分布

a. 春季；b. 夏季；c. 秋季；d. 冬季

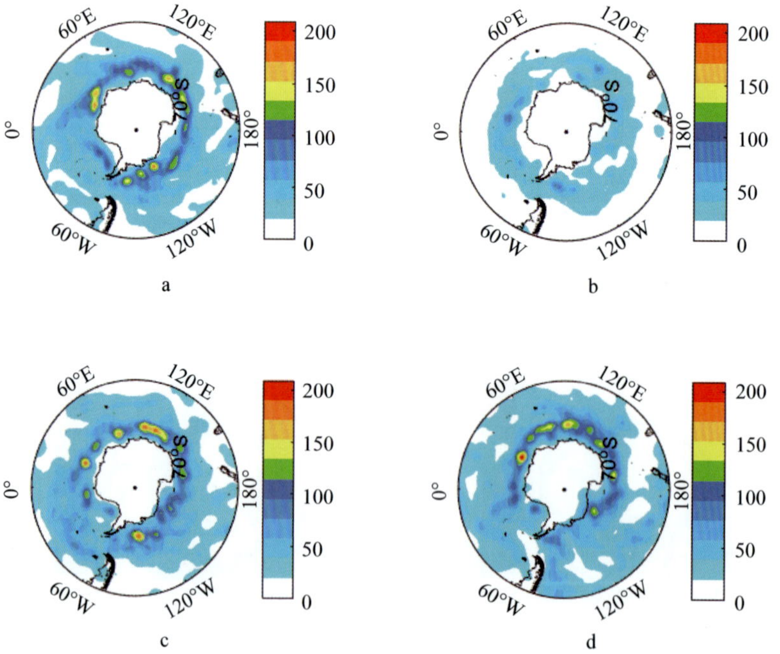

附图2-30　南大洋2008年气旋各季密度分布

a. 春季；b. 夏季；c. 秋季；d. 冬季

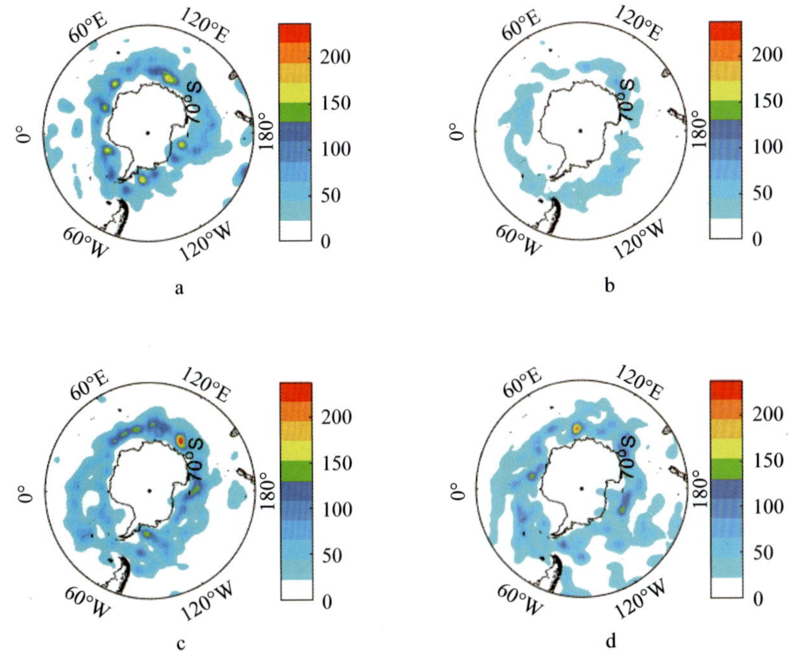

附图2-31　南大洋2009年气旋各季密度分布

a. 春季；b. 夏季；c. 秋季；d. 冬季

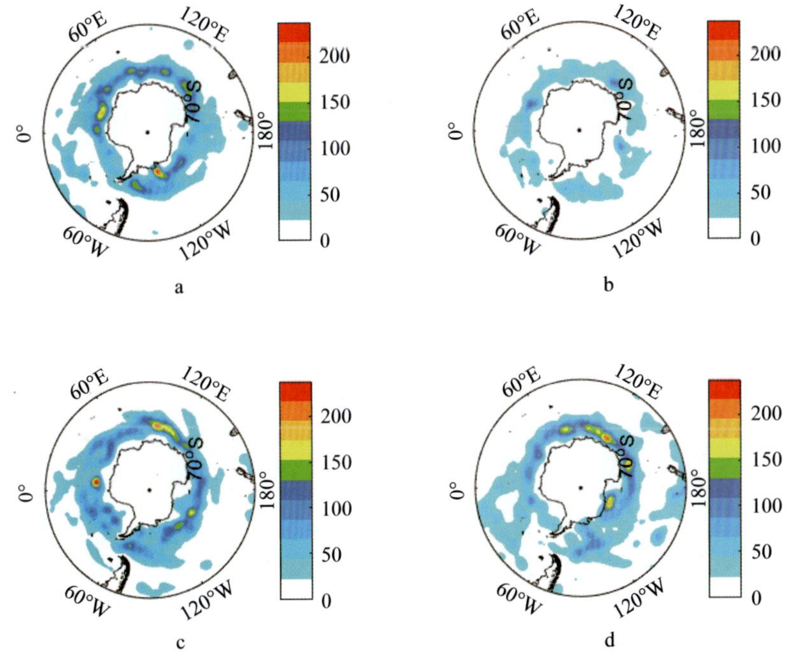

附图2-32　南大洋2010年气旋各季密度分布

a. 春季；b. 夏季；c. 秋季；d. 冬季

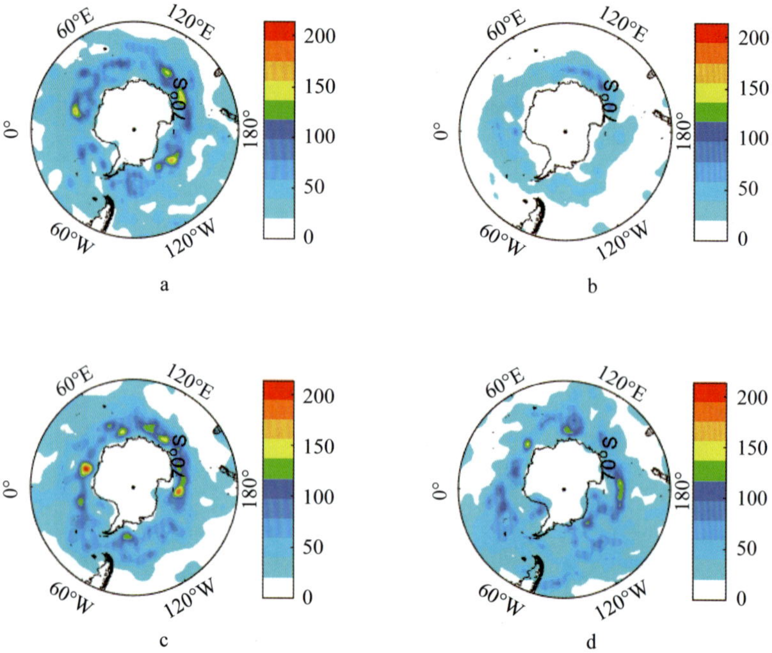

附图2-33　南大洋2011年气旋各季密度分布

a. 春季；b. 夏季；c. 秋季；d. 冬季

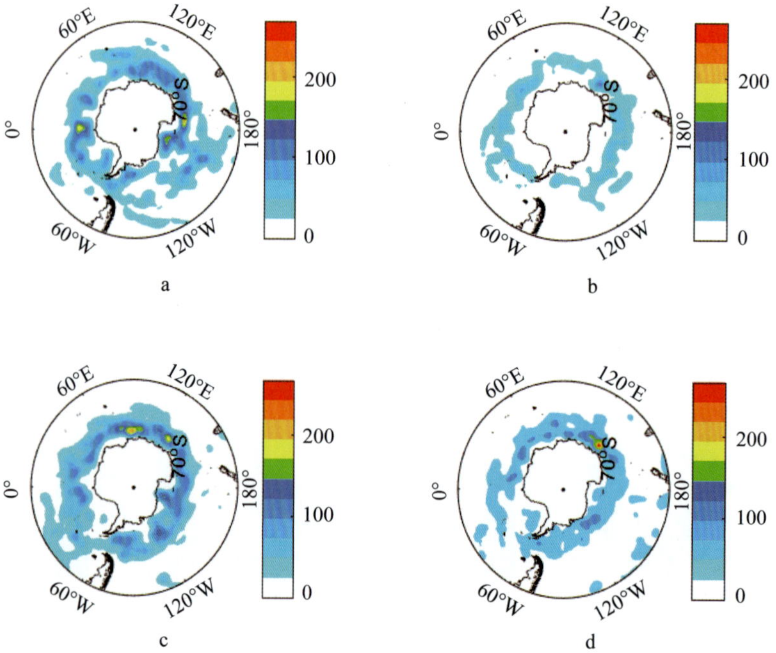

附图2-34　南大洋2012年气旋各季密度分布

a. 春季；b. 夏季；c. 秋季；d. 冬季

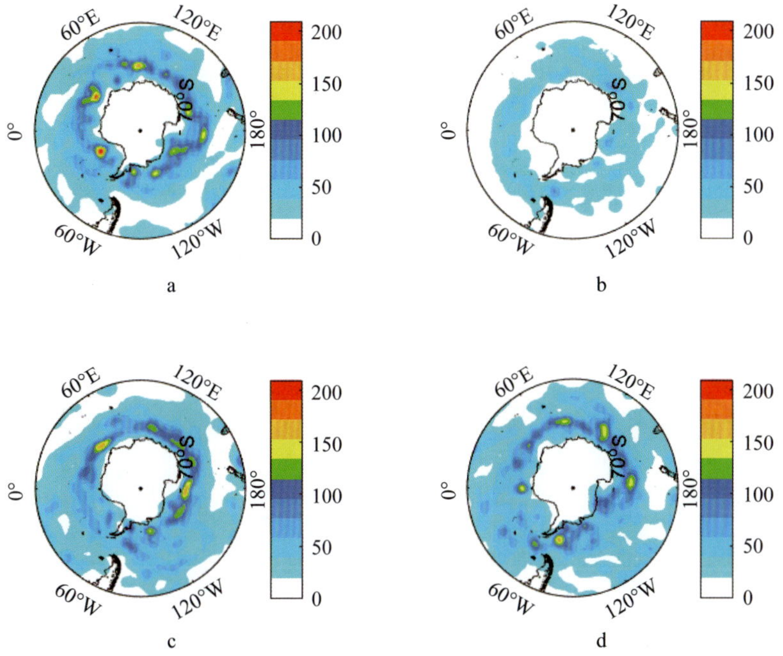

附图2-35　南大洋2013年气旋各季密度分布

a. 春季；b. 夏季；c. 秋季；d. 冬季

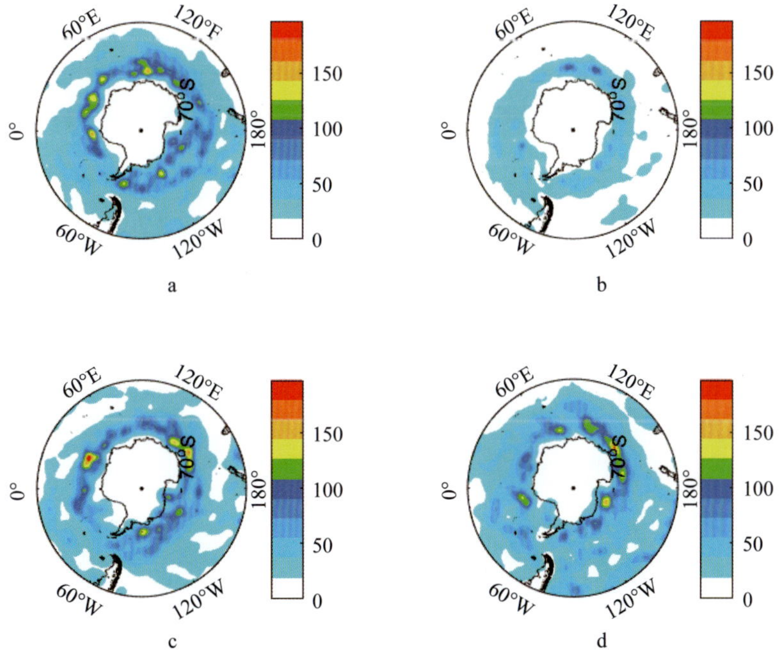

附图2-36　南大洋2014年气旋各季密度分布

a. 春季；b. 夏季；c. 秋季；d. 冬季

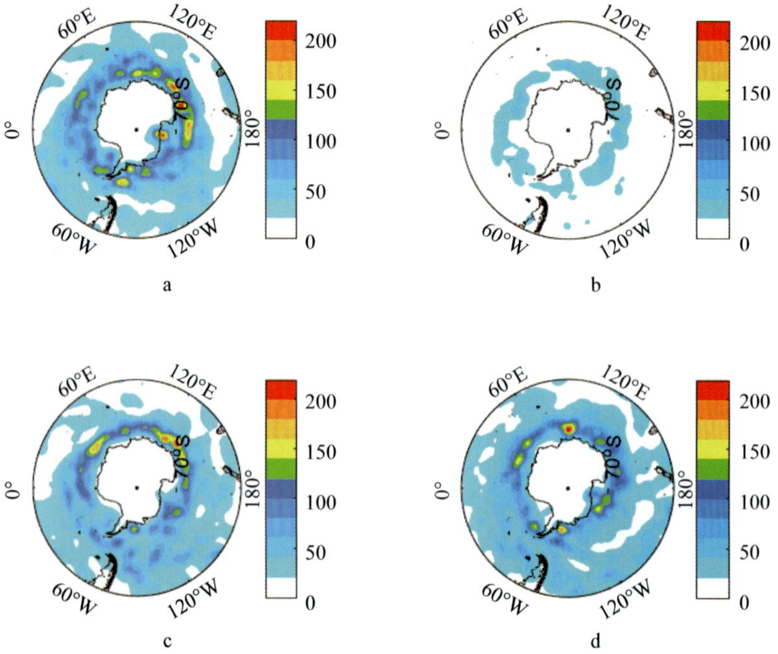

附图2-37　南大洋2015年气旋各季密度分布

a. 春季；b. 夏季；c. 秋季；d. 冬季

附图 3　中国近海气旋逐年密度分布图

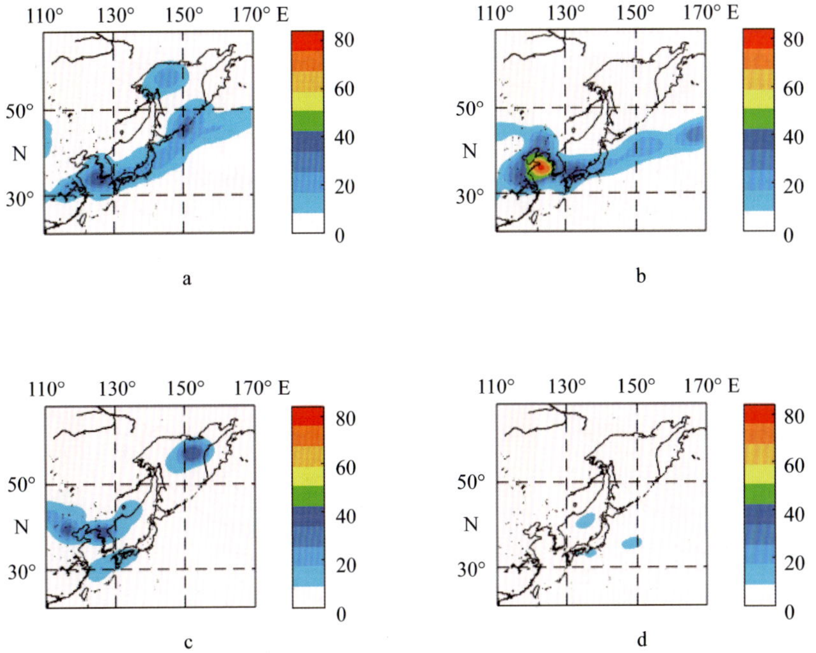

附图3-1　中国近海1980年气旋各季密度分布

a. 春季；b. 夏季；c. 秋季；d. 冬季

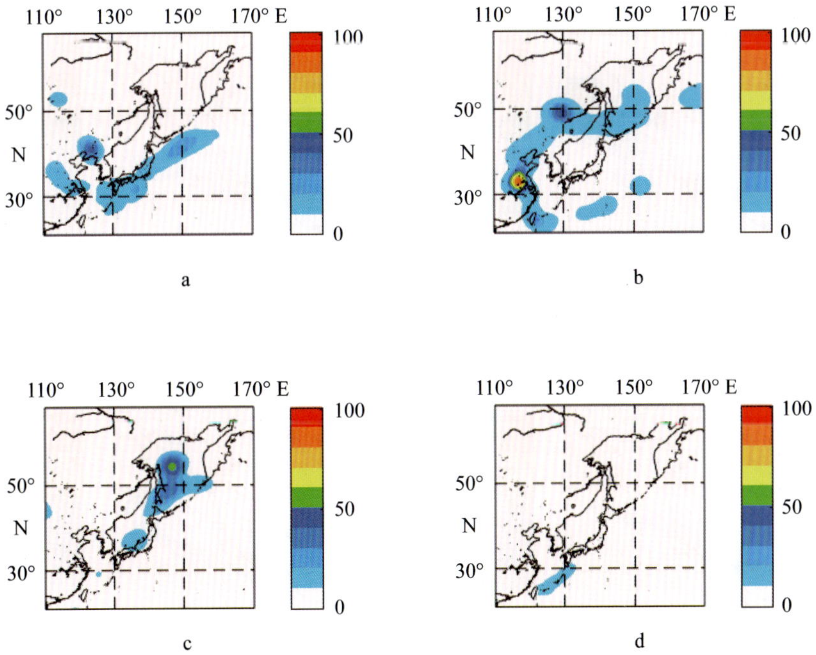

附图3-2　中国近海1981年气旋各季密度分布

a. 春季；b. 夏季；c. 秋季；d. 冬季

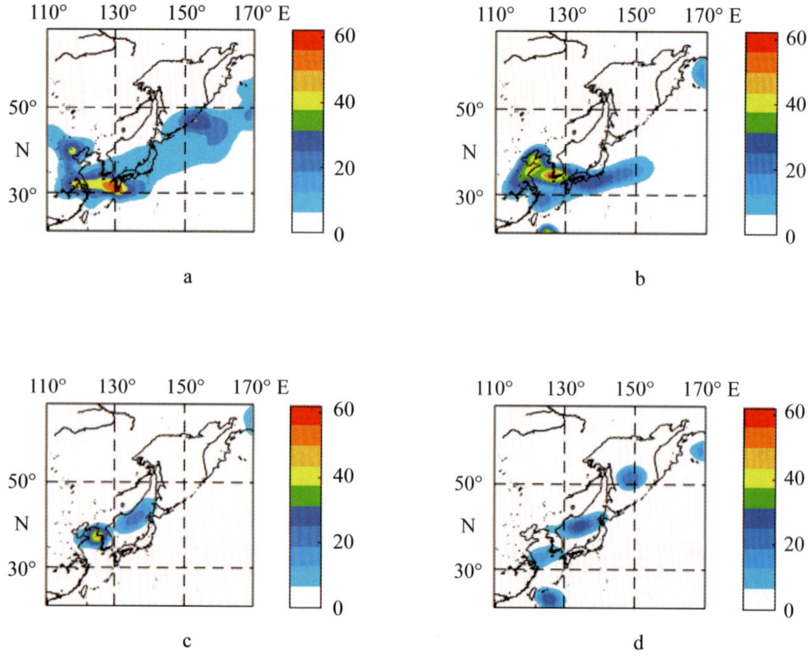

附图3-3　中国近海1982年气旋各季密度分布

a. 春季；b. 夏季；c. 秋季；d. 冬季

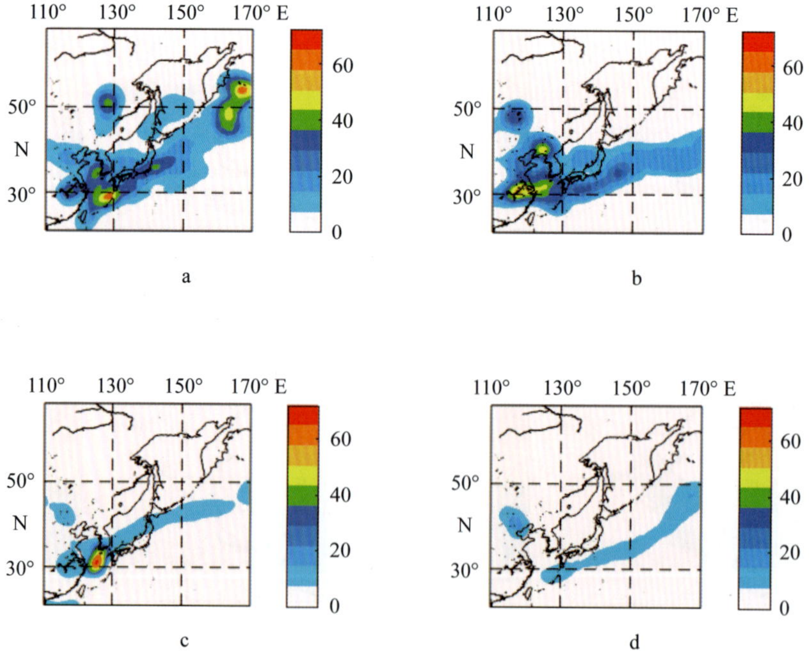

附图3-4　中国近海1983年气旋各季密度分布

a. 春季；b. 夏季；c. 秋季；d. 冬季

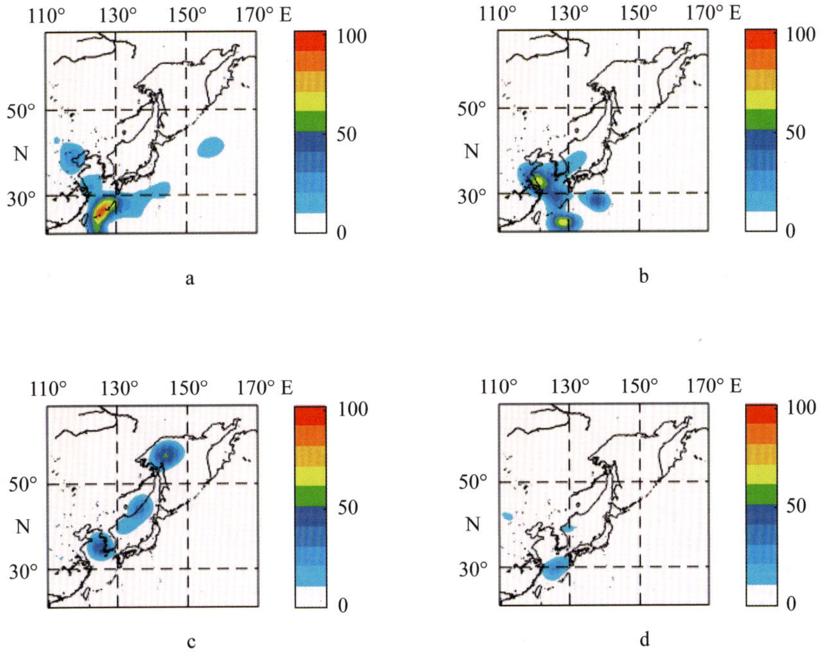

附图3-5　中国近海1984年气旋各季密度分布

a. 春季；b. 夏季；c. 秋季；d. 冬季

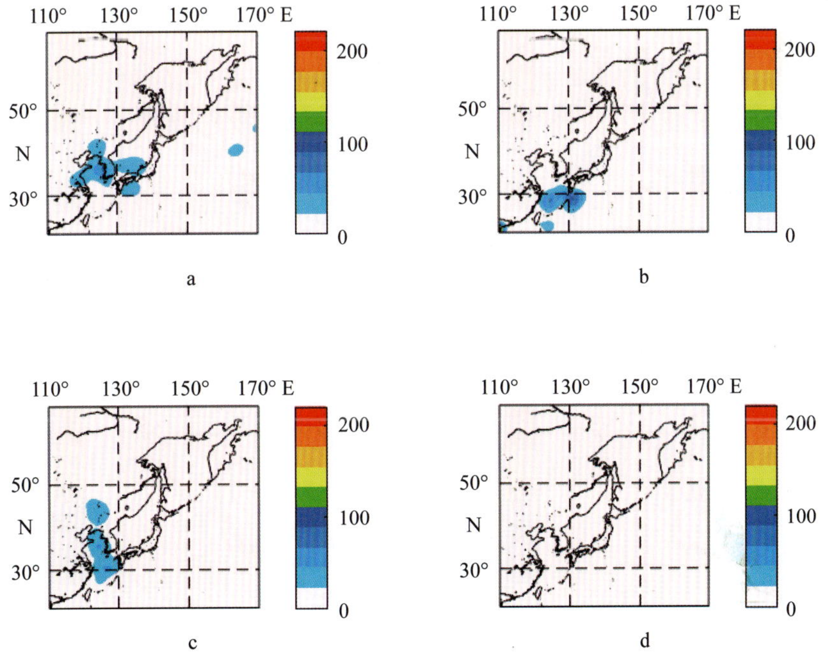

附图3-6　中国近海1985年气旋各季密度分布

a. 春季；b. 夏季；c. 秋季；d. 冬季

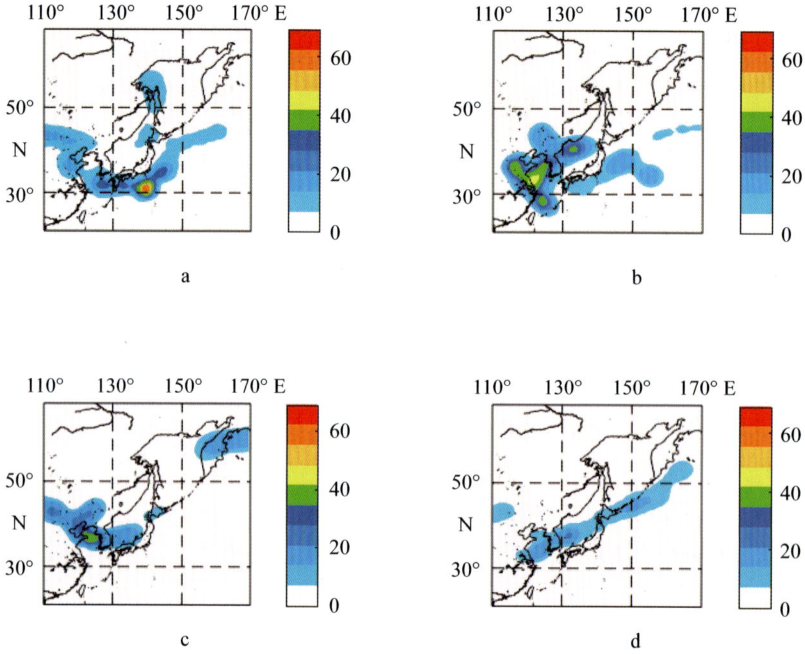

附图3-7　中国近海1986年气旋各季密度分布

a. 春季；b. 夏季；c. 秋季；d. 冬季

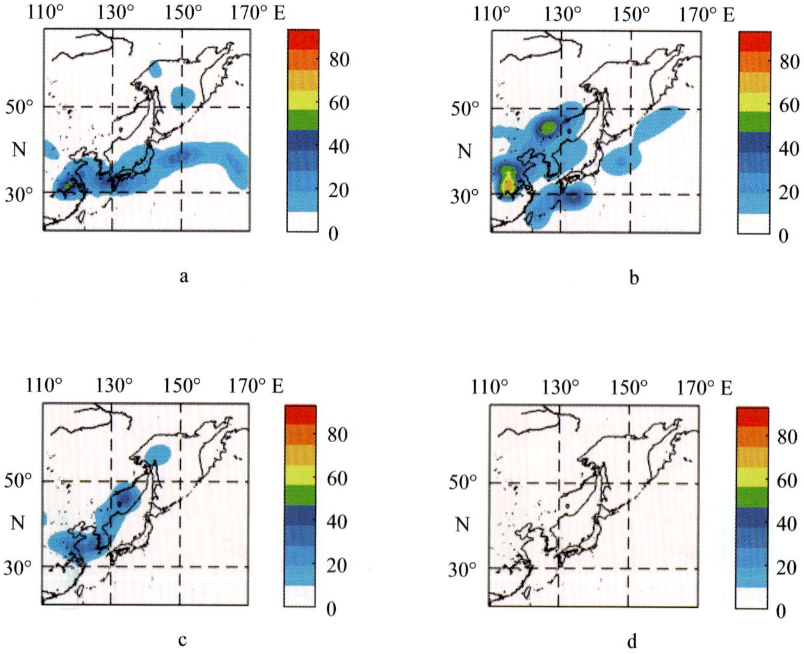

附图3-8　中国近海1987年气旋各季密度分布

a. 春季；b. 夏季；c. 秋季；d. 冬季

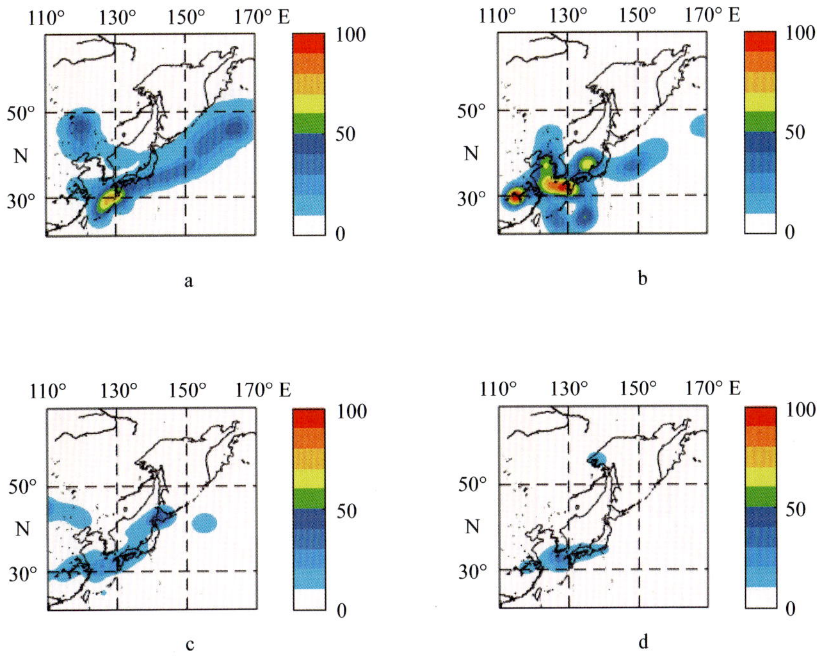

附图3-9　中国近海1988年气旋各季密度分布

a. 春季；b. 夏季；c. 秋季；d. 冬季

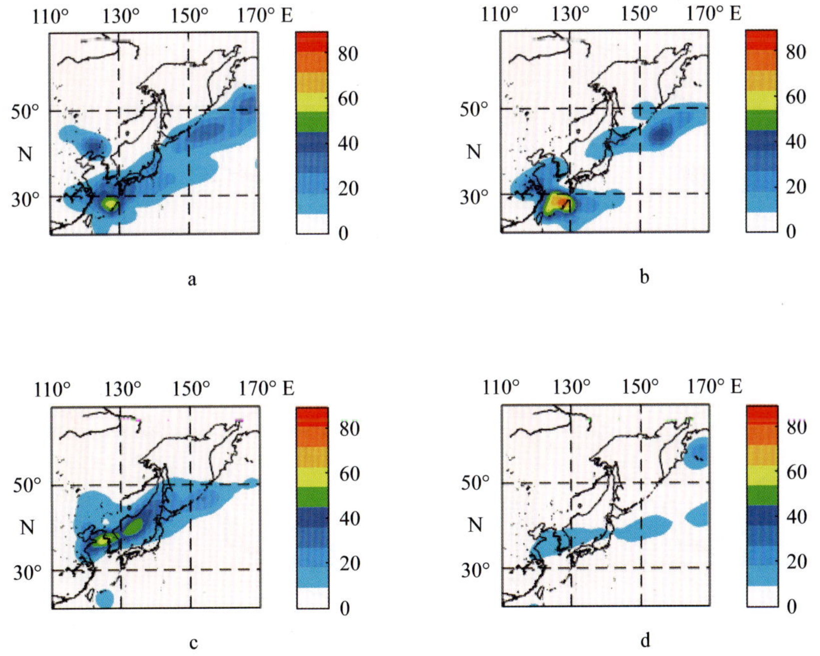

附图3-10　中国近海1989年气旋各季密度分布

a. 春季；b. 夏季；c. 秋季；d. 冬季

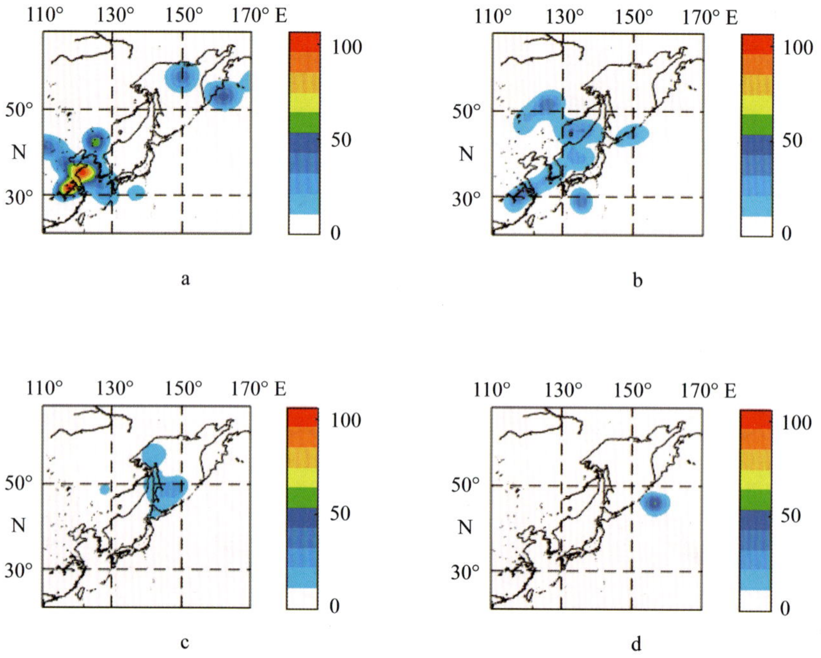

附图3-11　中国近海1990年气旋各季密度分布

a. 春季；b. 夏季；c. 秋季；d. 冬季

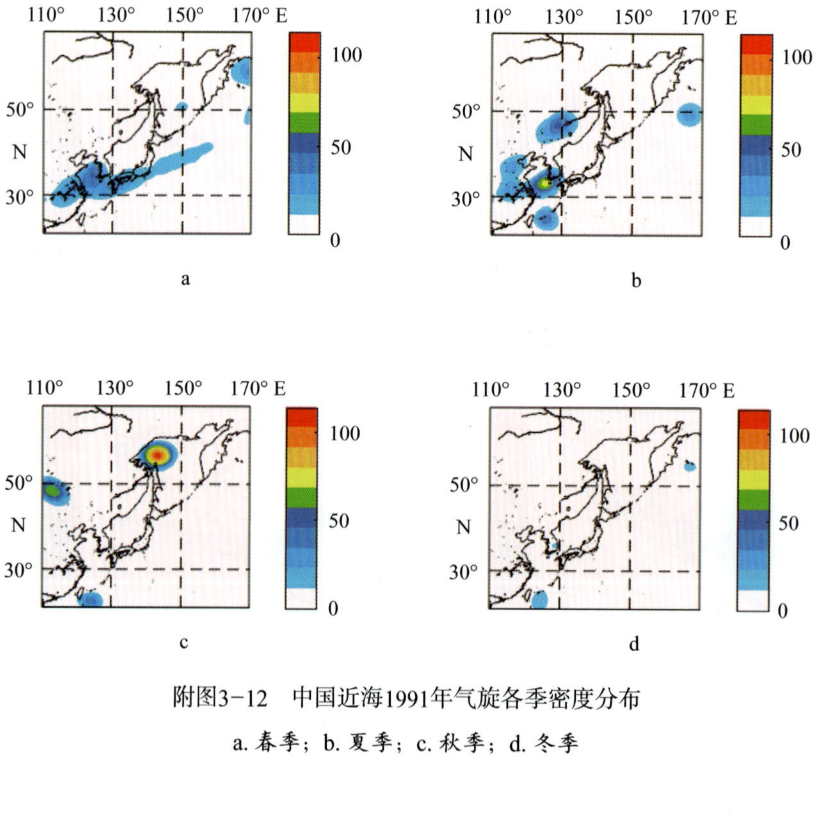

附图3-12　中国近海1991年气旋各季密度分布

a. 春季；b. 夏季；c. 秋季；d. 冬季

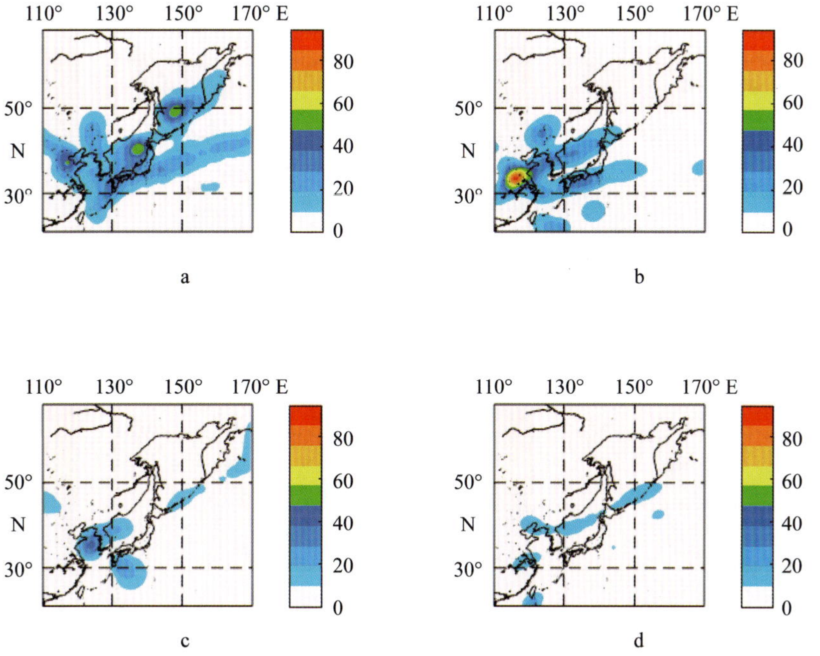

附图3-13　中国近海1992年气旋各季密度分布

a. 春季；b. 夏季；c. 秋季；d. 冬季

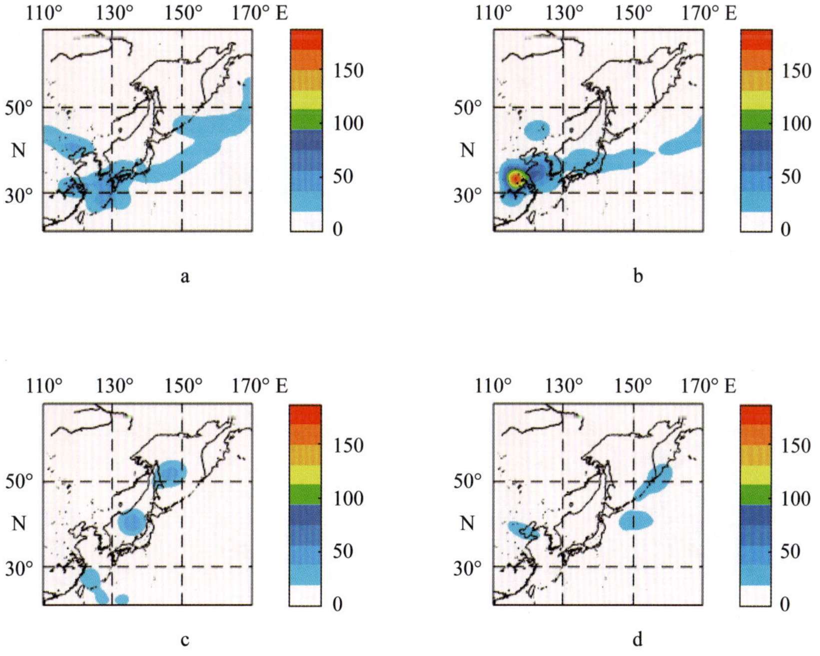

附图3-14　中国近海1993年气旋各季密度分布

a. 春季；b. 夏季；c. 秋季；d. 冬季

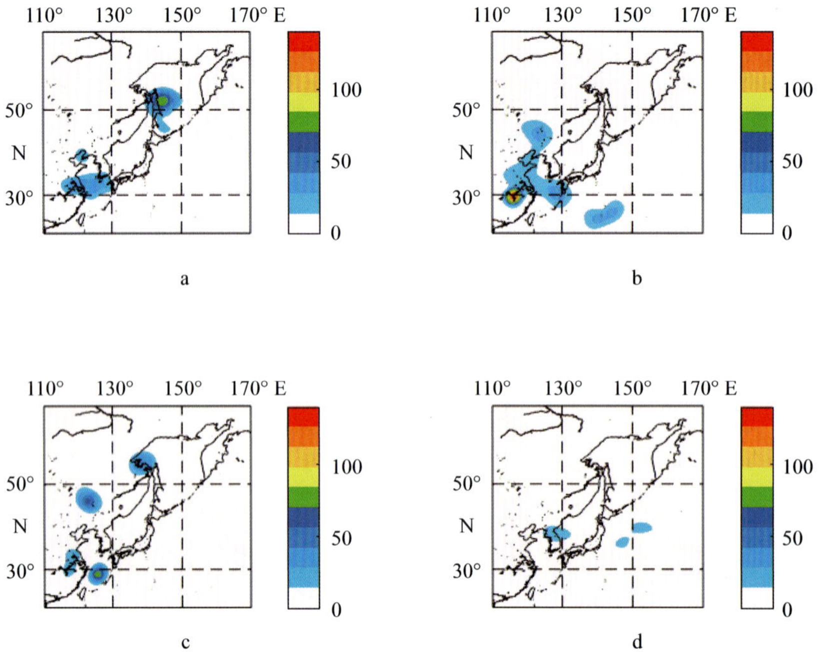

附图3-15 中国近海1994年气旋各季密度分布

a. 春季；b. 夏季；c. 秋季；d. 冬季

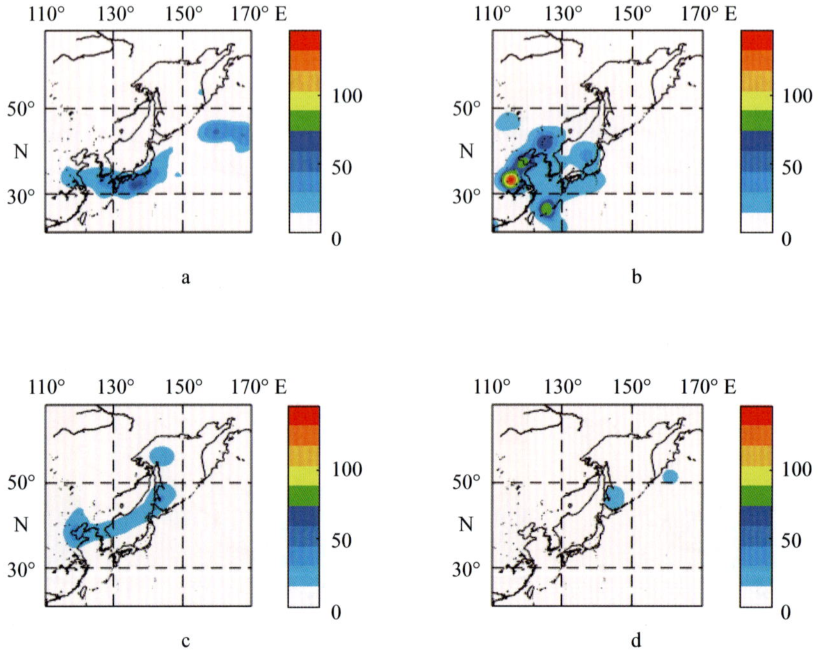

附图3-16 中国近海1995年气旋各季密度分布

a. 春季；b. 夏季；c. 秋季；d. 冬季

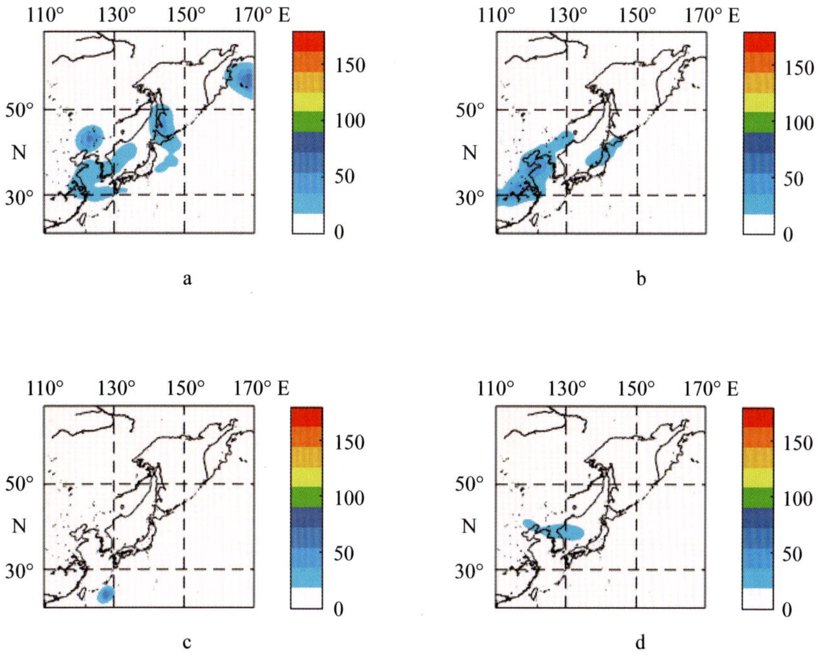

附图3-17　中国近海1996年气旋各季密度分布

a. 春季；b. 夏季；c. 秋季；d. 冬季

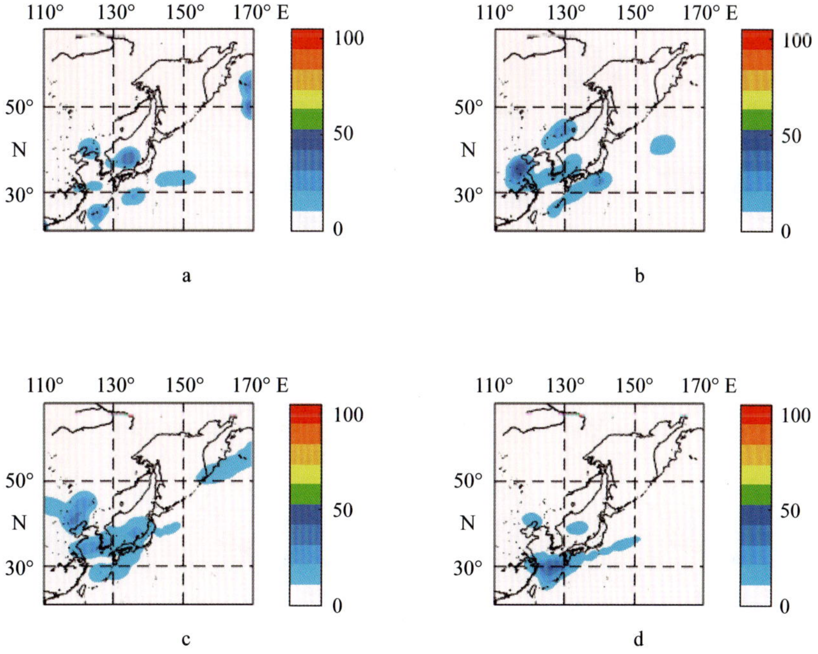

附图3-18　中国近海1997年气旋各季密度分布

a. 春季；b. 夏季；c. 秋季；d. 冬季

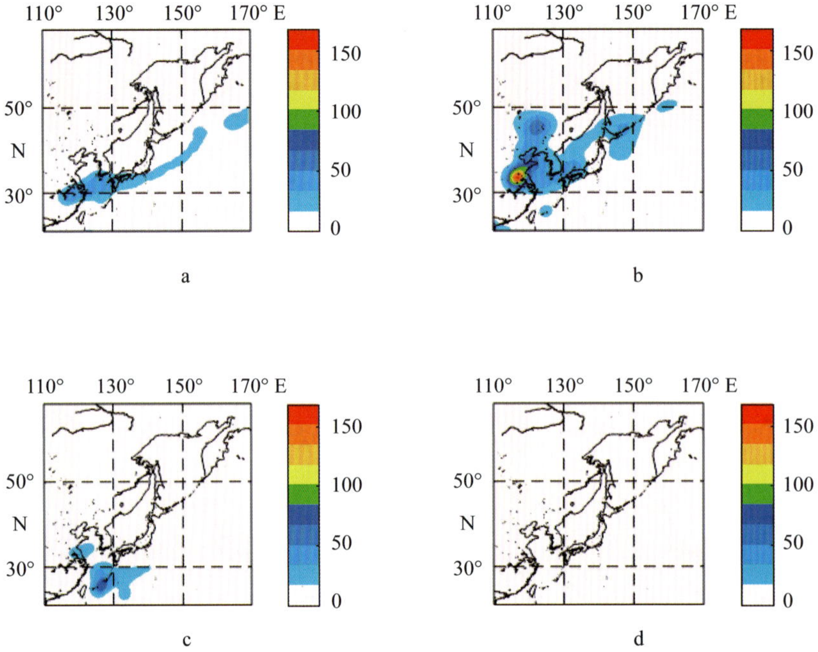

附图3-19　中国近海1998年气旋各季密度分布

a. 春季；b. 夏季；c. 秋季；d. 冬季

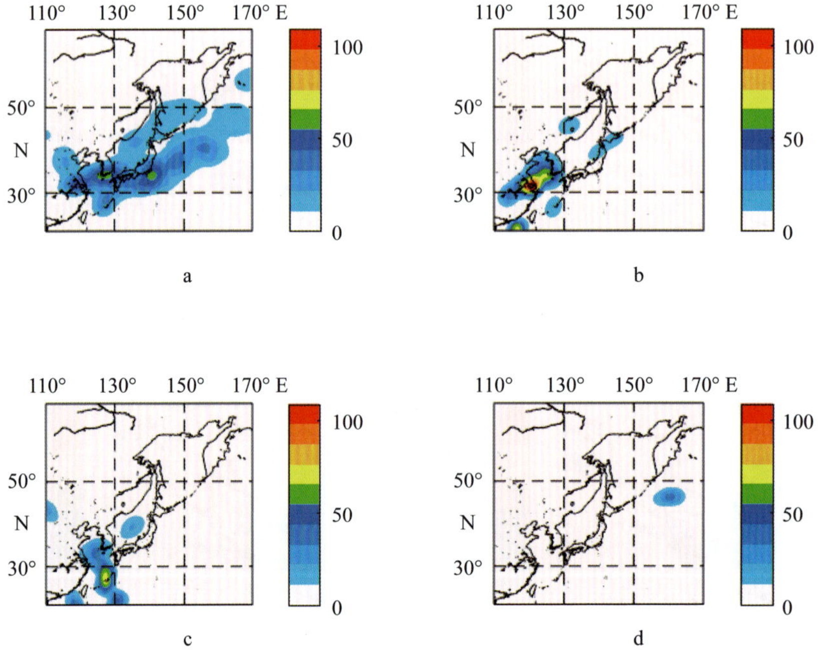

附图3-20　中国近海1999年气旋各季密度分布

a. 春季；b. 夏季；c. 秋季；d. 冬季

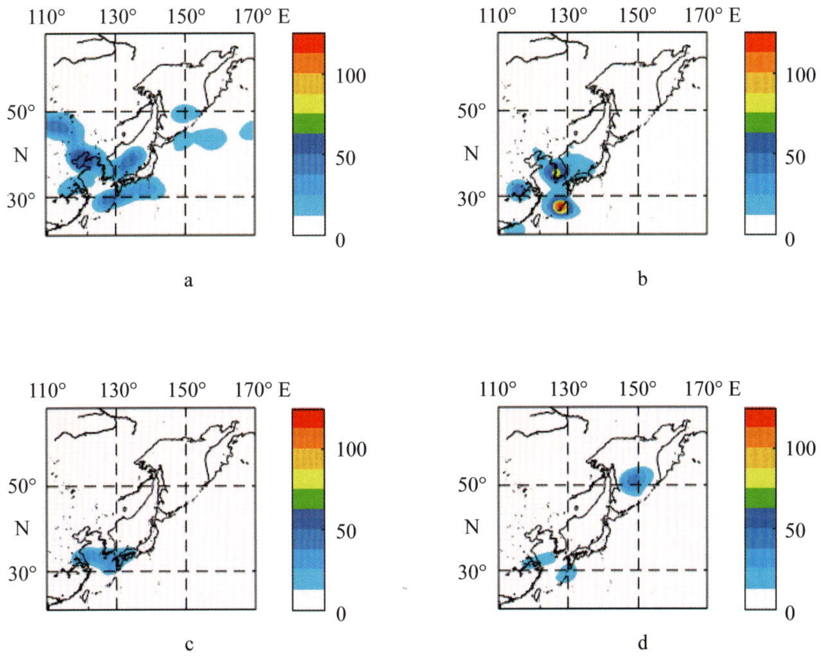

附图3-21　中国近海2000年气旋各季密度分布

a. 春季；b. 夏季；c. 秋季；d. 冬季

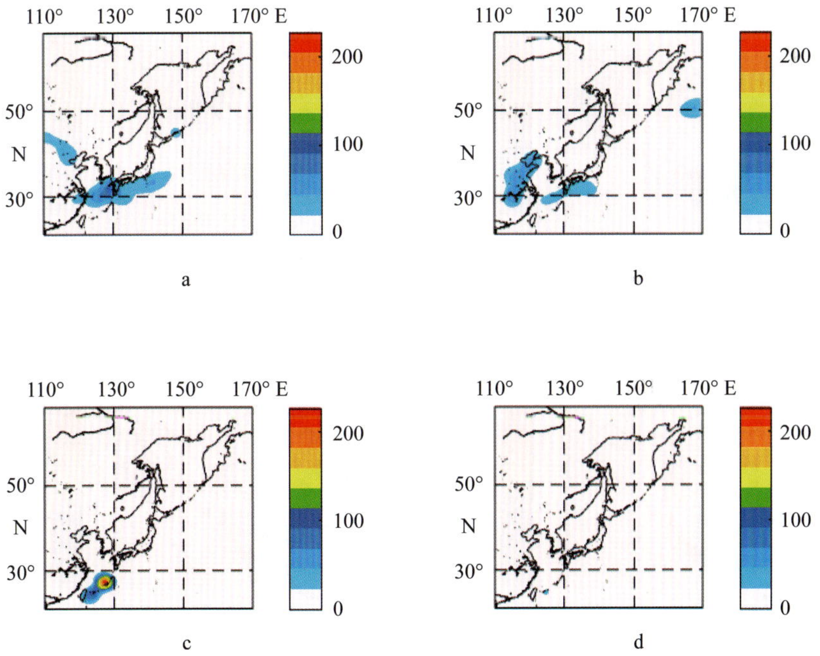

附图3-22　中国近海2001年气旋各季密度分布

a. 春季；b. 夏季；c. 秋季；d. 冬季

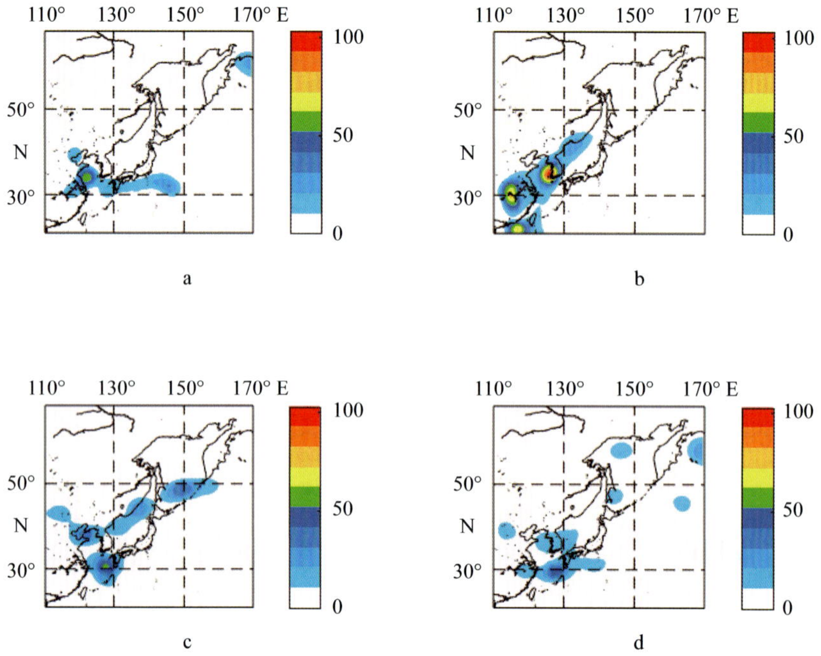

附图3-23　中国近海2002年气旋各季密度分布

a. 春季；b. 夏季；c. 秋季；d. 冬季

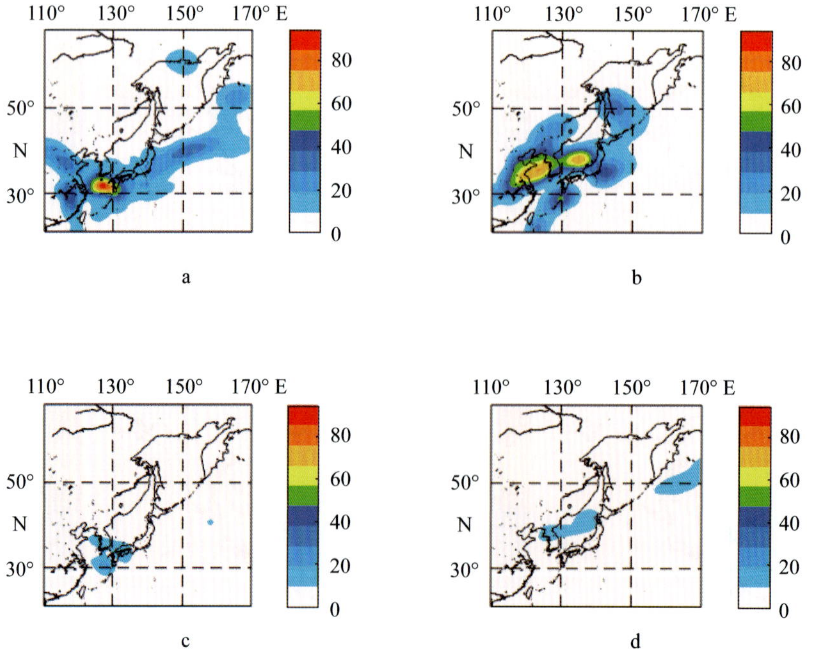

附图3-24　中国近海2003年气旋各季密度分布

a. 春季；b. 夏季；c. 秋季；d. 冬季

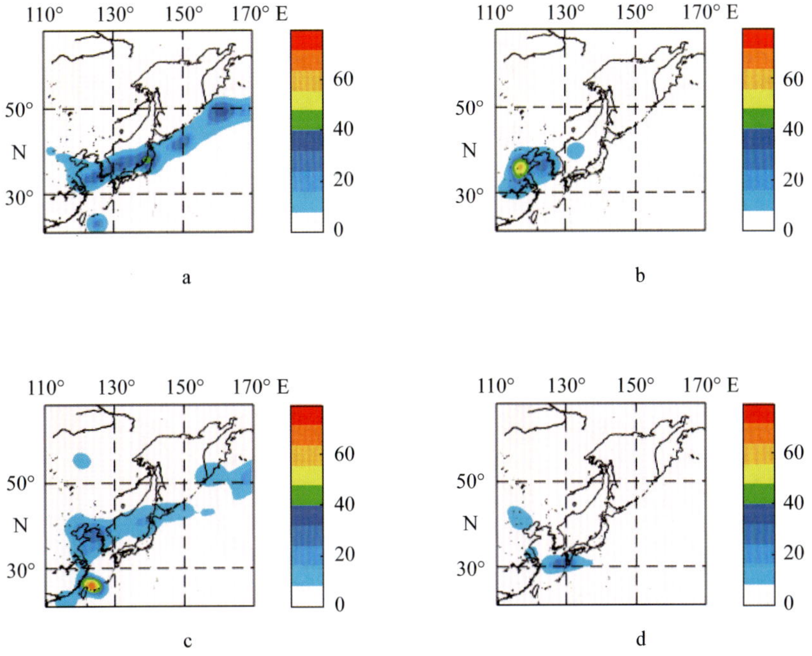

附图3-25　中国近海2004年气旋各季密度分布

a. 春季；b. 夏季；c. 秋季；d. 冬季

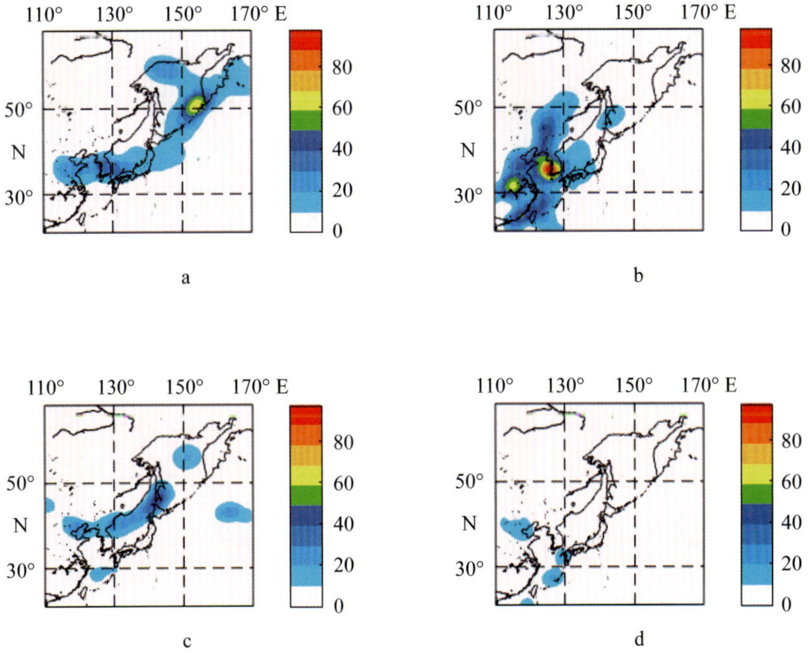

附图3-26　中国近海2005年气旋各季密度分布

a. 春季；b. 夏季；c. 秋季；d. 冬季

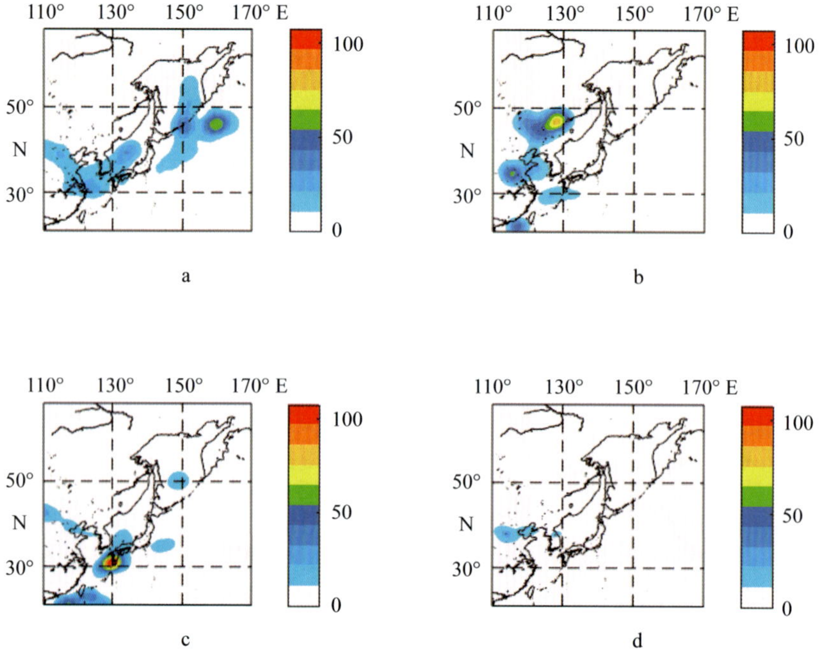

附图3-27　中国近海2006年气旋各季密度分布

a. 春季；b. 夏季；c. 秋季；d. 冬季

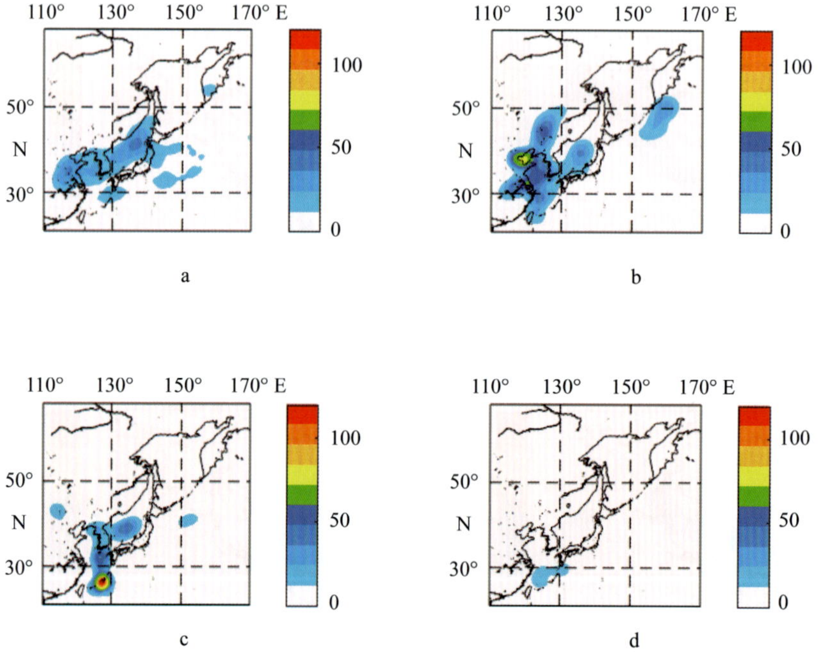

附图3-28　中国近海2007年气旋各季密度分布

a. 春季；b. 夏季；c. 秋季；d. 冬季

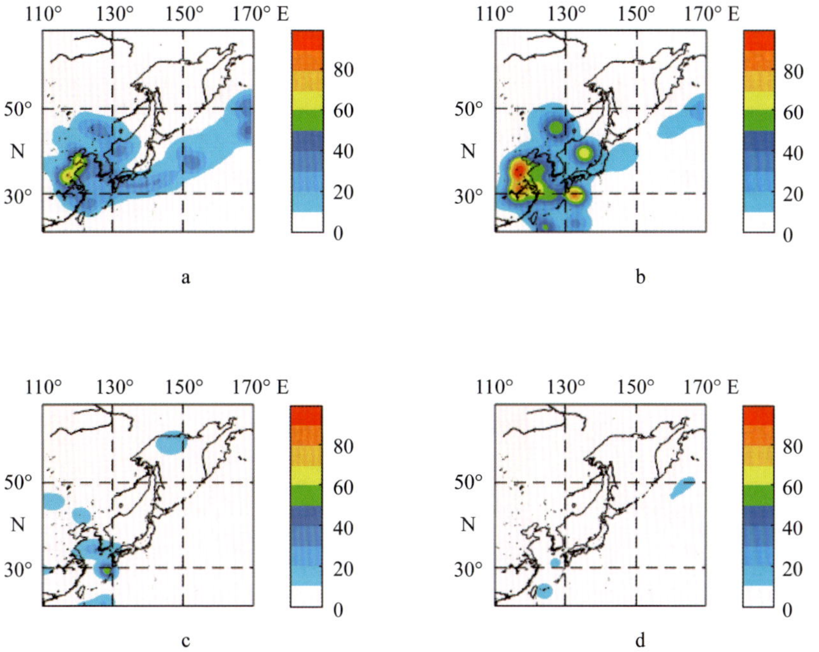

附图3-29　中国近海2008年气旋各季密度分布

a. 春季；b. 夏季；c. 秋季；d. 冬季

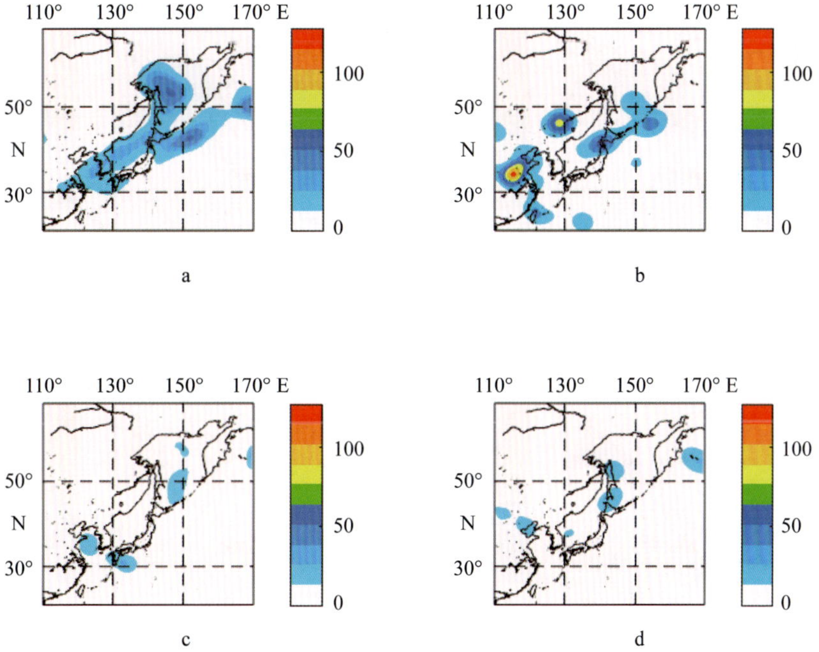

附图3-30　中国近海2009年气旋各季密度分布

a. 春季；b. 夏季；c. 秋季；d. 冬季

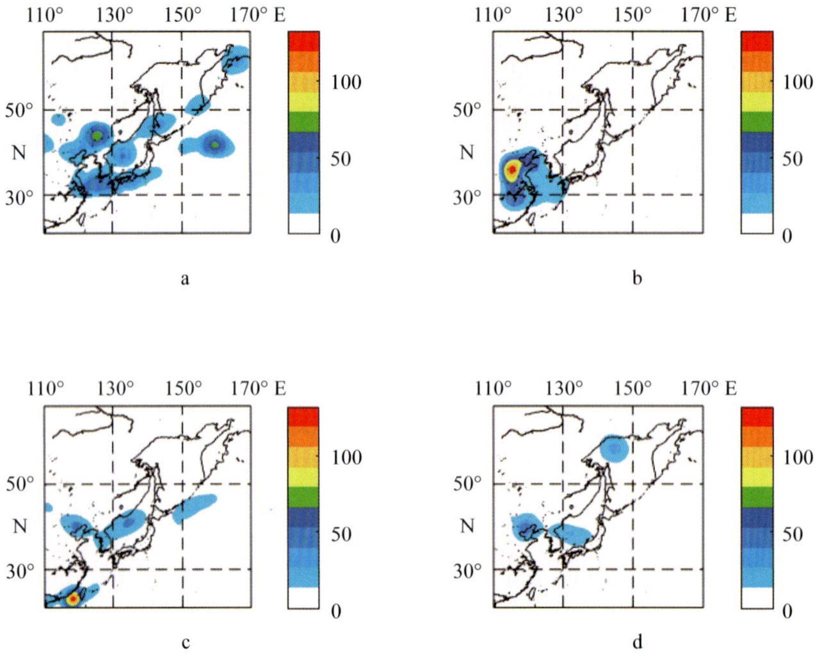

附图3-31　中国近海2010年气旋各季密度分布

a. 春季；b. 夏季；c. 秋季；d. 冬季

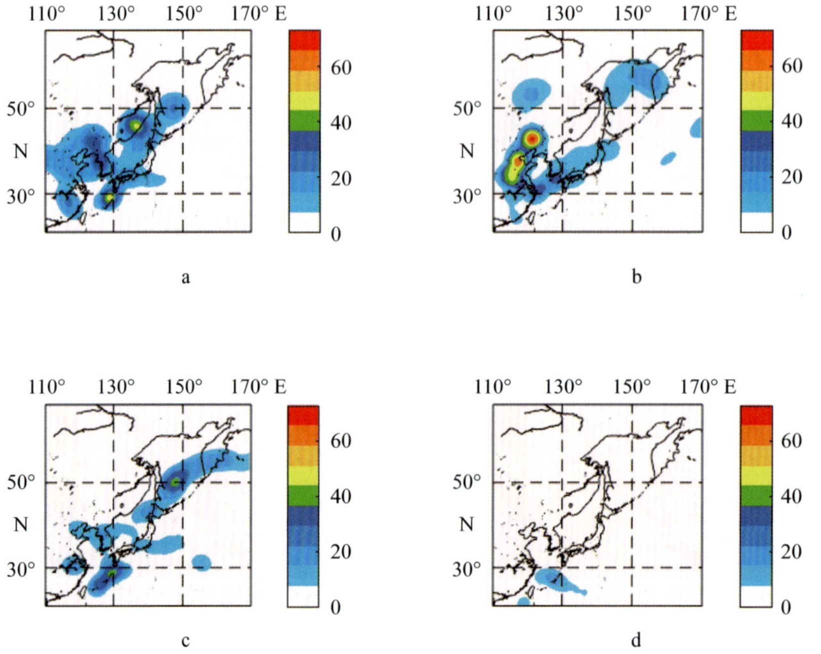

附图3-32　中国近海2011年气旋各季密度分布

a. 春季；b. 夏季；c. 秋季；d. 冬季

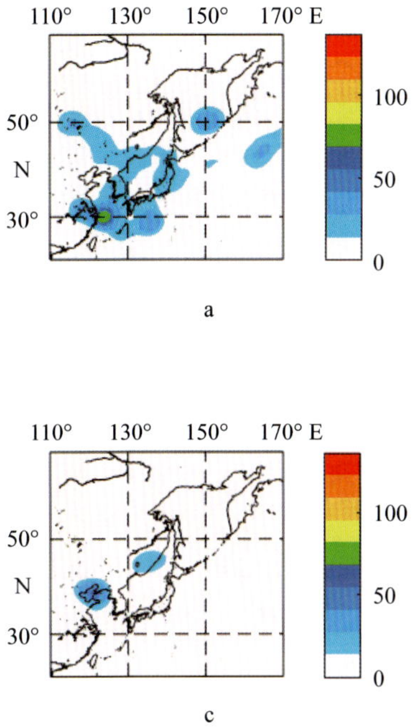

附图3-33　中国近海2012年气旋各季密度分布

a. 春季；b. 夏季；c. 秋季；d. 冬季

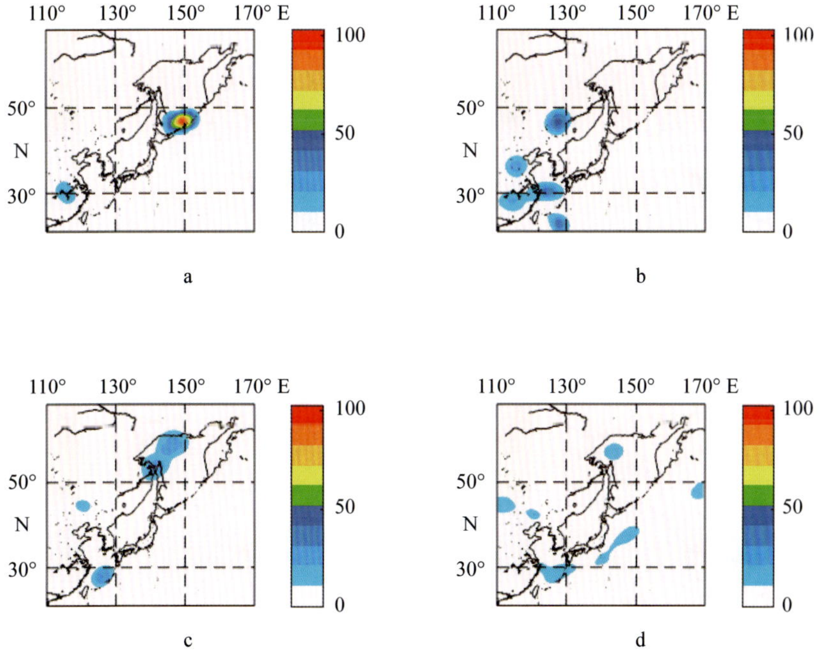

附图3-34　中国近海2013年气旋各季密度分布

a. 春季；b. 夏季；c. 秋季；d. 冬季

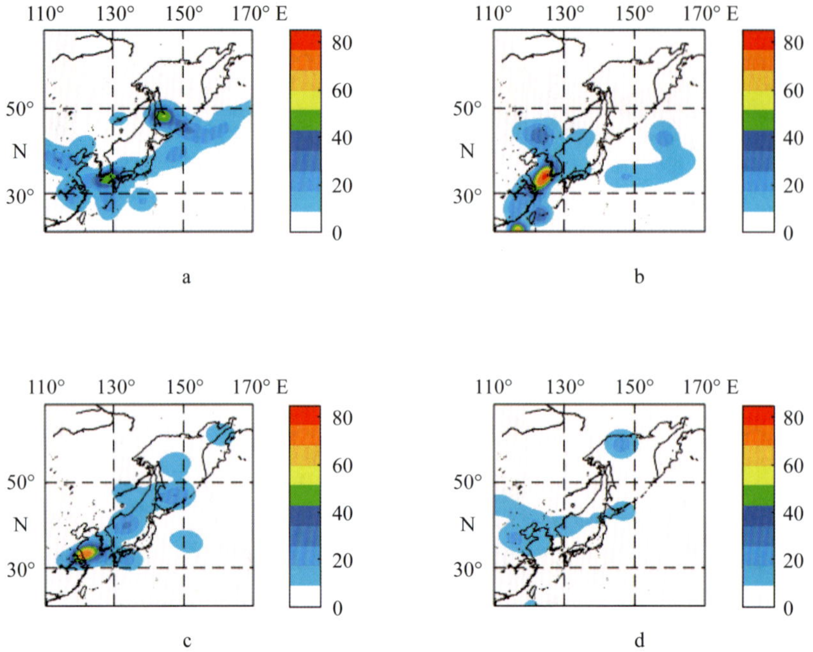

附图3-35　中国近海2014年气旋各季密度分布

a. 春季；b. 夏季；c. 秋季；d. 冬季

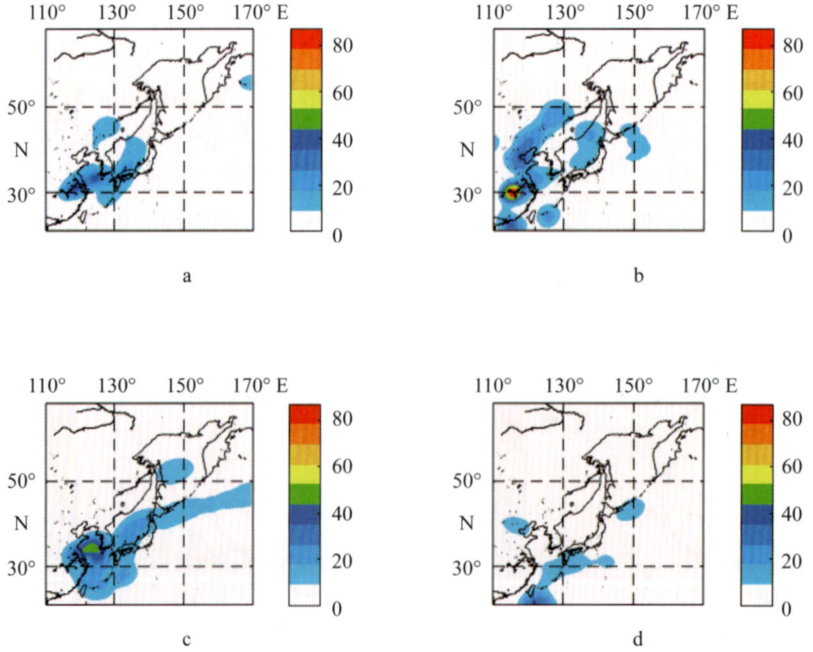

图4-36　中国近海2015年气旋各季密度分布

a. 春季；b. 夏季；c. 秋季；d. 冬季